HUND TRIFFT HUND

ENTSPANNTE HUNDEBEGEGNUNGEN
AN DER LEINE

(Foto: Archiv Lismont/Daphne Mpaltsidis)

Katrien Lismont

HUND TRIFFT HUND

ENTSPANNTE HUNDEBEGEGNUNGEN AN DER LEINE

CADMOS

Haftungsausschluss

Die Autorin, der Verlag und alle weiteren direkt und indirekt an diesem Werk beteiligten Personen haben dieses Buch nach bestem Wissen und Gewissen und mit großer Sorgfalt zusammengestellt. Für eventuelle Schäden, die als Folge von Handlungen und/oder befasster Beschlüsse aufgrund der in diesem Buch gegebenen Informationen und Philosophien entstehen könnten, kann jedoch keine Haftung übernommen werden.

IMPRESSUM

CADMOS in CADMOS Verlag

unveränderter Nachdruck 2022

Titelgestaltung und Layout: www.ravenstein2.de
Satz: Pinkhouse Design, Wien
Coverfoto: Archiv Lismont/Kathi Thiele
Fotos im Innenteil: Archiv Lismont, Shutterstock.com
Lektorat: Maren Müller

Druck: www.graspo.com

Deutsche Nationalbibliothek – CIP-Einheitsaufnahme
Die Deutsche Nationalbibliothek verzeichnet diese Publikation in der Deutschen Nationalbibliografie; detaillierte bibliografische Daten sind im Internet über http://dnb.ddb.de abrufbar.

Printed in EU

ISBN: 978-3-8404-2048-1

INHALT

(Foto: Archiv Lismont/Kathi Thiele)

(Foto: shutterstock.com/Grigorita Ko)

EINLEITUNG

Es ist peinlich, ärgerlich und kann jeden Hundehalter zur Verzweiflung bringen. Es regt auf, es grenzt aus, es schränkt ein und es ist schlussendlich nicht immer ungefährlich: reaktives Verhalten von Hunden an der Leine. Es kann überall passieren: vor der eigenen Haustür, einige Meter weiter am Nachbarzaun, draußen zwischen den Feldern oder im Stadtpark. Je nachdem, wie groß und wie stark der reagierende Hund ist, verlagert sich die Stimmung Richtung Tiefpunkt. Es mag bessere und schlechtere Tage geben, aber im Großen und Ganzen werden Spaziergänge zum Gräuel. Personen, die einem begegnen, werden nicht selten als rücksichtslos eingestuft und Woche für Woche reduziert sich das „Gassi-Universum" auf einige sichere Wege und Tageszeiten. Als Hundehalter fühlt man sich verlassen, unverstanden, ohnmächtig und man gerät zunehmend in einen Beziehungskonflikt mit seinem geliebten vierbeinigen Freund: Man fühlt sich hin- und hergerissen zwischen Zuneigung und Abneigung. „Drinnen ist er doch der Bravste" – zumindest ist das häufig so. Wie er sich draußen verhält, ist aber einfach furchtbar und sieht aggressiv aus, obwohl es – so viel sei hier schon einmal gesagt – meistens keine echte Aggression ist, sondern eine mehr oder weniger starke emotionale Überreaktion, die verschiedenste Gründe haben kann.

Bei der Suche nach den Ursachen begibt man sich auf einen langen Weg, der meist weit weg von der eigenen Haustür beginnt: die Rasse und der Zuchtzweck, die Ahnen, der Züchter, die ersten acht Wochen, die Vorgeschichte, die Vorbesitzer, die anderen Hunde, die ahnungslosen anderen Spaziergänger ... Und es ist durchaus möglich, dass etwas oder sogar einiges davon bei der Entwicklung dieses Verhaltens eine wichtige Rolle spielt oder gespielt hat. Selten kann man die Ursachen für Reaktivität an der Leine auf einen Faktor reduzieren. Sicher lässt sich allerdings sagen, dass an den vergangenen Geschehnissen und Zuständen nichts mehr zu ändern ist. Und ebenso sicher ist es, dass eigenes falsches Vorgehen, unangemessenes Training und möglicherweise tief wirkende Traumata ihre Spuren hinterlassen. Selbstverständlich kann das Wissen um all diese Dinge dazu beitragen, eine Verschlimmerung des Verhaltens zu vermeiden oder sogar unangenehmen Vorfällen vorzubeugen, aber viel wichtiger ist es, den Status quo zu erfassen und von dieser Basis aus nach vorn zu schauen. Jedes Verhalten des Hundes hat eine Funktion. Herauszufinden, welche das ist, ist ein spannendes Abenteuer.

„Verhaltensanalyse bedeutet, ein Individuum zu studieren." *(Susan Friedman, Zitat übersetzt von der Autorin)*

Verhalten ist etwas sehr Individuelles und immer etwas komplexer, als es auf den ersten Blick scheint. Kein Hund, kein Team, keine Geschichte ist wie eine andere. Das Thema „Leinenreaktivität" ist so facettenreich, dass man nie auslernt. Täglich kommen in der Praxis neue Erfahrungen und neue Ursachenkombinationen hinzu. Für mich als Verhaltenstrainerin ist es daher besonders wichtig, immer flexibel und kreativ zu bleiben, mich ständig weiterzubilden, neue Perspektiven kennenzulernen und die alten zu vertiefen. Schema F kann nun mal nicht für jedes individuelle Mensch-Hund-Team passen. Mit diesem Buch möchte ich einige erprobte Ansätze aufzeigen und meine Gedanken dazu mit Ihnen teilen. Sie stellen selbstverständlich nur einen Teil der verfügbaren Möglichkeiten dar, ich halte sie aber für geeignet, Ihnen einen Fächer von ganzheitlich orientierten, ineinandergreifenden Vorgehensweisen zu eröffnen. Ich schöpfe dabei aus dem Repertoire vieler fantastischer Hundetrainerinnen und -trainer, angereichert mit meiner persönlichen Erfahrung aus zahlreichen praktischen Trainingseinheiten.

Wie Sie feststellen werden, gehe ich noch vor den konkreten Trainingstipps und Übungen recht ausführlich auf die Gesundheit und den ausgewogenen Alltag unserer Hunde ein. Ich wünsche mir, dass Sie diesem Kapitel ebenso große Aufmerksamkeit widmen wie den anderen, denn hier geht es darum, die Grundlagen für effektives Training zu schaffen. Werden diese Aspekte nicht berücksichtigt, wird lediglich an Symptomen trainiert, die Ursachen bleiben jedoch bestehen.

Gewaltfrei … ist was genau?

„Gewaltfrei" ist ein geflügeltes Wort. Wer im Internet nach einer Hundeschule sucht, wird ihm häufig begegnen. Was genau die einzelnen Anbieter unter gewaltfreiem Umgang verstehen, ist jedoch sehr unterschiedlich. Ich möchte hier betonen, dass es für gewaltfreies Training nicht genügt, auf Schläge und sonstige offensichtliche Grobheiten zu verzichten. Sogenannte „Leinenimpulse", das Abdrängen mit dem Körper, das Werfen mit Gegenständen oder das Spritzen mit Wasser sind, auch wenn sie den Hund „nur" erschrecken sollen, ebenfalls keineswegs gewaltfrei und bringen darüber hinaus häufig lediglich

Positives Training basiert auf gegenseitigem Vertrauen – Gewalt hat hier keinen Platz! (Foto: Archiv Lismont/Daphne Mpaltsidis)

kurzzeitige statt nachhaltige Erfolge. Sie führen nicht selten zu einer Gewaltspirale, bei der immer gröber mit dem Hund umgegangen wird. Ein angenehmes und produktives Lernklima lässt sich so hingegen nicht erreichen. Und sind wir mal ehrlich: Haben wir einen Hund in unser Leben geholt, um ihn zu schubsen, zu zwingen, zu drängen, zu drücken, zu ziehen, zu zerren, anzuschreien oder zu bedrohen? Würden Sie so mit Ihrem liebsten Freund umgehen? Sicher nicht!

Wenn es um gewaltfreies Training geht, gibt es nicht „nur ein bisschen" oder eine „Nuance". Gewaltfreies Training ist auch keine „Geschmackssache". Und „ganz besondere Umstände" oder „extrem gefährliche Hunde" gewähren ebenso wenig einen Freischein für Gewaltanwendung, auch wenn dieses Argument nur zu gern in Diskussionen hervorgebracht wird. Gewaltfreies Training ist eine Entscheidung und beinhaltet immer den Verzicht auf jegliche Form von Handgreiflichkeiten, Zufügung von Schmerzen oder Bedrohung. Die Arbeit mit positiver Verstärkung, wie sie in diesem Buch und vielen anderen lesenswerten Büchern beschrieben wird, findet weltweit täglich bei Wildtieren, wehrhaften Zootieren und Meeressäugern Anwendung. Warum sollte sie dann nicht auch bei unseren Haushunden funktionieren, auch wenn sie in irgendeiner Form entgleistes Verhalten zeigen?

Wenn wir mit erfüllenden Belohnungen arbeiten, findet der Hund auch am Verhaltenstraining Spaß. (Foto: Katrien Lismont)

Effektives, zielorientiertes und pragmatisches Training

Dieses Buch soll ein Leitfaden sein, mit dem man das Thema Reaktivität an der Leine pragmatisch, gründlich und effektiv angehen kann. Dabei steht der ganzheitliche Blick auf den Hund im Vordergrund, wobei Erziehung und Umerziehung mittels Markertraining eine zentrale Rolle spielen. Ich möchte zeigen, wie es gelingt, nach vorn zu schauen, und wie man mit praktischen Maßnahmen die belastenden Begegnungssituationen entschärfen und bewältigen kann.

Ich finde es wichtig zu verstehen, warum etwas schiefläuft. Wenn man bedenkt, dass entgleistes Verhalten in der Regel ein Symptom für einen deregulierten Gesamtzustand ist, dann wird es nachvollziehbar, dass reine Begegnungstrainings, wie auch immer diese ablaufen, lediglich eine Symptombekämpfung darstellen. Führt man solche Trainings durch, obwohl die „Hausaufgaben" nicht erledigt sind, wird man schnell an seine Grenzen kommen und den Hund ohne viel Erfolg in belastende Situationen hineinschicken. Hat man die eigentlichen Ursachen und die entsprechenden Maßnahmen im Hier und Jetzt nicht gesucht und gefunden, wird nur die Geduld des Hundehalters auf die Probe gestellt und der gebuchte Hundetrainer ist der Einzige, der aus der Sache einen Nutzen zieht. Wenn Training, egal wie, bei wem und mit welchen (tatsächlich gewaltfreien) Mitteln, nicht zu deutlichen und nachhaltigen Fortschritten führt, muss man die Köpfe zusammenstecken und überlegen, warum es nicht fruchtet.

Bei meinen Vorgesprächen, ohne die ich kein Training beginne, wird jeder Stein umgedreht. Es ist die Basis für die wichtigsten Einsichten und die dringlichsten Maßnahmen. Ebenso bildet es die Entscheidungsgrundlage für die ersten Trainingsschritte. Sind die „Hausaufgaben" dann erledigt und ist die richtige Trainingsmethode gefunden, hängt ihre Effizienz vom Weitblick des Trainers und der Beharrlichkeit beim Training ab. Gelungene Wiederholungen, angemessene Trainingsvoraussetzungen, passende Verstärker und ein einfühlsamer Umgang bilden die Grundlage. Wenn das Trainingshandwerk richtig verstanden wurde, wird kein unerwünschtes Verhalten belohnt, sondern nur erwünschtes Verhalten geübt und verstärkt. Damit dürfte man nicht auf der Stelle stehen bleiben. Zum guten Handwerk gehören ein geschultes Auge für Verhalten und Konsequenzen, ein präzises Timing, die richtigen Verstärker, Kreativität sowie das Vermeiden und im Notfall das Unterbrechen von unerwünschtem Verhalten.

Selbstwirksamkeit fördern

Durch meine Arbeit mit Tellington TTouch® und meine Erfahrungen mit dem BAT-Training (Behaviour Adjustment Training, dazu später mehr) ist mir besonders bewusst geworden, wie oft und wie viel Hunde im Alltag etwas „müssen", bevor sie es überhaupt kennen und können. Und wie oft sie sich mehr schlecht als recht durchmogeln, bis irgendwann das Fass „überraschend" zum Überlaufen gebracht wird.

Das Ziel von positivem Training ist, dem Hund den Freiraum zu geben, durch sein eigenes Verhalten seine Situation und sein Wohlbefinden zu beeinflussen. Dennoch stelle ich oftmals fest, wie sehr man – auch mit dem Training über positive Verstärkung – dem Hund viele Möglichkeiten zu selbstständigen Entscheidungen vorenthalten kann, indem man die Schritt-für-Schritt-Ansagen nicht aus dem alltäglichen Umgang ausschleicht. Eine Liste mit mehr als 150 Signalen, die der Hund verstehen soll und umsetzen kann, führt leider nicht zum selbstständigen Handeln und Entscheiden beim Hund, sondern macht ihn für jeden Schritt abhängig von uns, von unserer stetigen Hilfestellung und von unserem penibel ausgeklügelten Signalsystem. Meine Absicht im Training ist, dem Hund einige wichtige Verhaltensweisen beizubringen, die sehr tief verankert werden, sodass er einfach und flott darauf zurückgreifen kann – selbst in angespannten Situationen. Außerdem sollte das Training darauf ausgerichtet sein, den Hund darin zu bestärken, selbstwirksam erwünschtes Verhalten zu zeigen. Das alles kommt auch dem Hundehalter zugute: Er kann damit aufhören, als Navigationsgerät zu dienen, und muss sich nur eine Kurzliste merken.

Zeit und Raum sind wesentliche Faktoren für das Lernen und Umlernen, für das Lindern und Verändern von fest verankerten Emotionen und Verknüpfungen. Mit dem, was er gelernt hat, und mit Zeit und Raum ist der Hund oftmals erstaunlich gut in der Lage, kompetent und zuverlässig mit schwierigen Situationen umzugehen. Durch die BAT-Trainings kann man diese Selbstwirksamkeit noch einmal erweitern, indem der Hund die nötige Zeit und den nötigen Raum erhält, selbst eine friedliche Strategie für Begegnungen zu entwickeln.

Körpersprache verstehen und berücksichtigen

Damit dem Hund Selbstwirksamkeit eingeräumt werden kann, ist es oberste Priorität, dass sein Mensch lernt, ihn zu verstehen. Hunde „sprechen" andauernd, nur nicht wie wir.

Teils kaum sichtbare, subtile Veränderungen in der Mimik, Haltung, Körperspannung und -ausrichtung sowie feine Gewichtsverlagerungen können uns eine Menge mitteilen. Wenn man sich zusätzlich darin schult, das Umfeld aus der Perspektive des Hundes wahrzunehmen, wird uns seine Situation kristallklar. Darüber hinaus bewegen wir Menschen uns gegenüber dem Hund oft unachtsam. Unsere Körperausrichtung, unsere Haltung und die Position, wo wir gerade stehen, können einen enormen Einfluss haben auf die Art und Weise, wie der Hund mit den aktuellen Gegebenheiten umgeht. Wenn man erlebt, wie scharf Hunde ihr Umfeld beobachten, und sich genau ansieht, wie sie darauf reagieren, wird man vieles besser verstehen.

Die Hierarchie der Verfahren zur Verhaltensänderung

Ich orientiere mich bei meiner Arbeit gern an der Hierarchie der Verfahren zur Verhaltensänderung von Dr. Susan Friedman. Sie hat mich in meiner Alltagspraxis schon oft ein großes Stück weitergebracht und mir bisher sehr viele Aha-Erlebnisse beschert. Sie liegt auch den folgenden Kapiteln in diesem Buch zugrunde. Einige Elemente habe ich allerdings hinzugefügt, nicht etwa, weil Dr. Friedman sie vergessen hat, sondern weil sie in meinem Trainingsalltag mit Hunden immer wieder auftauchen und ich sie in diesem Buch genauer beschreiben möchte. Es handelt sich um herauskristallisierte Details, die zur Eindeutigkeit meiner Vorgehensweise beitragen.

Die drei ersten und wichtigsten Schritte, die in der Grafik auf der folgenden Doppelseite dargestellt sind, bespreche ich in diesem Buch tiefgehend. Schritt vier beinhaltet die differenzielle Verstärkung von alternativem Verhalten. Das bedeutet, wir bringen dem Hund ein neues Verhalten bei, das er anstelle des unerwünschten Verhaltens anbieten kann. Maßnahmen aus diesem Schritt werden im Kapitel über positive Verstärkung einfließen. Allerdings können Sie in der Grafik vor Schritt vier eine Schwelle erkennen, was bedeutet, dass man diese Maßnahmen nur dann ergreifen sollte, wenn die Möglichkeiten der ersten drei Schritte ausgeschöpft sind.

Wie man in der Grafik am Warnzeichen erkennen kann, sollte Schritt fünf nur dann eine Option sein, wenn es gar keine andere Wahl gibt. Gerade bei reaktiven Hunden haben diese Maßnahmen unerwünschte Nebenwirkungen, denn es besteht ein großes Risiko, den Hund zu demotivieren und zu frustrieren, was im ungünstigen Fall aggressives Verhalten verschlimmern oder sogar erst auslösen kann. Außerdem sind die Ergebnisse dieser Maßnahmen oft nicht nachhaltig. Ich werde daher auf diesen Schritt nicht weiter eingehen.

Bei Schritt sechs lassen schon das Stoppschild und die Barriere erkennen, dass hier für alle, die tiergerecht arbeiten wollen, Schluss ist. Positive Strafe wirkt ohne Zweifel, aber sie erhöht den Stress für den Hund, schwächt sein Vertrauen in uns als Bezugsperson und in seine Umwelt und hat außerdem Meideverhalten, Angst, Aggression, Apathie und Frustration zur Folge. Das alles wollen wir nicht in Kauf nehmen.

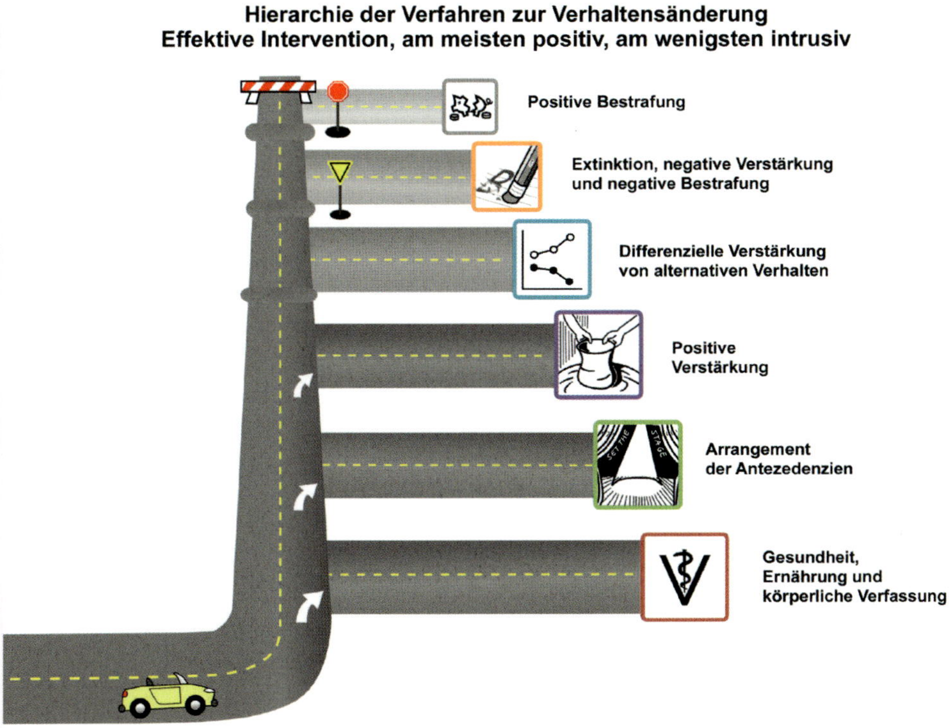

Die Abbildung zeigt und bewertet alle möglichen Schritte, die zu einer Verhaltensänderung beitragen können. (Archiv Lismont/Abbildung mit freundlicher Genehmigung von Dr. Susan Friedman, www.behaviorworks.org)

Ganzheitlicher Ansatz: Panorama statt Lupe

Mit den in diesem Buch beschriebenen Schritten soll eine Verbesserung des reaktiven Verhaltens erzielt werden. Garantien gibt es nicht, aber die Möglichkeit, die Reaktivität vollständig zu „therapieren", besteht sehr wohl, wenn man das Gesamtbild des Hundes ständig im Auge behält und beharrlich trainiert, statt nach kurzer Zeit bereits aufzugeben. Hundetrainer sind keine Zauberer und Hunde keine Roboter mit Ein-Aus-Schalter. Verhaltenstraining beinhaltet immer ein bisschen „Mutmaßen" und es bedarf zudem viel Geduld. Verhalten, das über eine längere Zeit gewachsen ist, braucht auch seine Zeit, um sich wieder zu verändern.

Es geht mir also darum, Ihnen einen ganzheitlichen Weg aufzuzeigen – angefangen beim Gesundheitszustand des Hundes über das richtige Management und gute Hundehaltung im weitesten Sinne bis hin zu praktischen Trainingstipps im Hinblick auf Hundebegegnungen. Gehen Sie ein Stückchen mit mir mit. Ich möchte Ihnen einen neuen Blickwinkel auf den Umgang mit diesem belastenden Verhalten Ihres Hundes eröffnen.

Aaron

(Foto: Archiv Lismont/Daphne Mpaltsidis)

(Foto: Katrien Lismont)

WIE GEHT ES MEINEM HUND?

Hier soll es, wie schon angekündigt, erst mal generell um das Befinden unseres Hundes gehen. Wie ist es um seine Gesundheit bestellt? Wird er angemessen ernährt? Wie steht es um sein allgemeines Wohlbefinden? In Bezug auf Letzteres erwähnt Dr. Susan Friedman in ihrer Hierarchie nur die körperliche Verfassung. Ich möchte diesen Bereich gern um die seelischen und mentalen Aspekte des Hundelebens erweitern, da sie meiner Erfahrung nach etwas genauer zu betrachten sind.

Gesundheit

Bei Verhaltensauffälligkeiten hat es oberste Priorität abzuklären, ob der Hund unter gesundheitlichen Einschränkungen leidet. Im Idealfall geschieht das noch vor Beginn des Trainings, aber spätestens wenn beim Training keine Fortschritte zu verzeichnen sind oder sich herausstellt, dass der Hund nicht in der Lage ist zu kooperieren. Hormonelle Störungen, Erkrankungen des Bewegungsapparats oder des Verdauungssystems sowie Allergien und andere Unverträglichkeiten sind nur einige Beispiele für Probleme, die Verhalten beeinflussen können. Das gilt nicht allein für ältere Hunde. Auch wenn der Hund beispielsweise erst ein oder eineinhalb Jahre alt ist und augenscheinlich ungehemmt rennt und spielt, ist es möglich, dass sein Körper ihm Schwierigkeiten bereitet.

Der Besuch bei einem erfahrenen und kompetenten Tierarzt ist also ein erster wichtiger Schritt. Zusätzlich kann ein Termin bei einem gut ausgebildeten und routinierten Physiotherapeuten oder Osteopathen für Hunde aufschlussreich und effektiv sein. Diese Fachleute haben „sehende" Hände. Sie können selbst viel bewirken und erkennen sehr häufig auch, ob weitere Untersuchungen wie Röntgenbilder erforderlich sind. Eine Komplett- oder Teiluntersuchung durch einen auf Orthopädie spezialisierten Tierarzt kann ebenfalls ein sinnvoller erster Schritt sein. Die Maßnahmen ergänzen sich: Nicht immer zeigt ein Röntgenbild das, was für den Physiotherapeuten ertastbar ist, und umgekehrt. Gute Behandlungen bewirken eine Verbesserung des Zustandes. Ist dies nicht der Fall, sollte man unbedingt eine zweite Meinung einholen.

An dieser Stelle möchte ich davor warnen, das Physische auf einen einzigen Gesundheitsaspekt, zum Beispiel auf eine deregulierte Schilddrüse, zu beschränken. Kausal betrachtet kann diese Störung nämlich die Folge anderer Störungen oder Stressoren sein, die zuerst gefunden und behoben werden müssen. Ebenso sollten Diagnosen und Dosierungen von Medikamenten niemals allein auf Online-Beratung oder telefonischer Beratung basieren. Ein guter Behandler ist am Alltag und an den sonstigen gesundheitlichen Aspekten Ihres Hundes interessiert und möchte ihn auf jeden Fall körperlich und mittels bewährter Diagnosemöglichkeiten untersuchen. Bitte verlassen Sie sich auch niemals auf Laienberatung in Selbsthilfegruppen, die in Internetforen und sozialen Netzwerken reichlich zu finden sind. Das kann für Ihren Hund und seine Gesundheit nachhaltig gefährlich werden.

SCHMERZEN

Wenn es um den Blick auf die Gesundheit des Hundes geht, sind Schmerzen ein wichtiges Thema, auf das ich hier ausführlicher eingehen möchte. Sie sind sehr häufig Verursacher von unerwünschtem Verhalten und gehören zu den größten Saboteuren des Wohlbefindens, der Lebensqualität und der Lebensfreude. Das ist der Grund, warum sie einem Trainingsfortschritt allzu oft im Weg stehen. Das Problem dabei ist, dass unsere Vierbeiner Weltmeister darin sind, Schmerzen vor uns zu verbergen. Erst wenn der Hund humpelt oder Situationen körperlich nicht mehr in gewohnter Weise bewältigen kann, nehmen wir sie wahr. In dem Moment sind die Schmerzen jedoch bereits sehr heftig oder chronisch geworden und schränken den Hund stark ein. Damit Sie in Zukunft leichter erkennen können, ob Ihrem Hund etwas wehtut, habe ich nachfolgend eine Liste mit auffälligen und weniger offensichtlichen Zeichen für Schmerz und Unwohlbefinden zusammengestellt. Sie entstammt meinen Erfahrungen und erhebt keinen Anspruch auf Vollständigkeit.

- Der Hund meidet Berührungen und Körpernähe. Will man ihn anfassen, entfernt er sich oder zeigt durch Übersprungsverhalten (etwa Hochspringen, In-die-Leine-Beißen, Wälzen), dass ihn die Situation überfordert.
- Er friert ein und hält den Atem an, wenn man ihn berührt.
- Er hält beim Ausführen von Signalen wie dem Bei-Fuß-Laufen, Bei-Fuß-Sitzen oder dem Herankommen eine gewisse Distanz zwischen sich und seiner Bezugsperson.
- Streichelt man ihn, zeigt er einige oder sogar viele beruhigende Signale (Züngeln, Gähnen, Sich-Schütteln).
- Er ist beim Begrüßen der Bezugsperson oder von fremden Personen sehr überschwänglich und seine Erregung steigt noch mehr, wenn man ihn dabei berührt.

Fallbeispiel Pico

Pico kam als reaktiver und ängstlicher Hund für eine Trainingswoche zu mir. Seine Menschen wollten erreichen, dass er mit Auslösern für seine Ängste besser zurechtkommt und dass er sich in seiner normalen Wohnumgebung zukünftig sicherer bewegen kann. Unter anderem wird Pico von ausgeprägten Geräuschängsten geplagt, deren Auslöser mitten in der Stadt nicht zu vermeiden sind. Silvester und Gewitter sind für ihn der blanke Horror.

Beim Erstgespräch bemerkte ich zahlreiche Fellwirbel im hinteren Bereich von Picos Körper. Seine Besitzer berichteten außerdem, dass er häufig Durchfall habe und sein Appetit nicht besonders gut sei.

Vor knapp einem Jahr wurden Picos Schilddrüsenwerte geprüft. Sie waren grenzwertig niedrig. Daher wurde in Anfangsdosis Thyroxin substituiert, woraufhin sich das Verhalten anfänglich geringfügig besserte. Da man eine deutlichere Veränderung erwartet hatte, wurde eine zusätzliche tierärztliche Onlineberatung in Anspruch genommen. Das Ergebnis war die Erhöhung der Dosis auf mehr als das Doppelte. Das war der Stand der Dinge, als Pico zu mir ins Training kam. Er war sehr ängstlich, sehr sensibel und schlief nachts nicht durch. Alles Symptome, die auf eine Schilddrüsenüberfunktion hindeuten können. Obwohl Pico in der Trainingswoche gut auf das Programm angesprochen hat und in den BAT-Trainings sehr gutes und ruhiges Verhalten gezeigt hat, war uns allen klar, dass die Maßnahmen noch weiter gehen mussten. Die Gewitter in der Trainingswoche waren sehr störend, weil er im Anschluss jeweils mehrere Stunden lang handlungsunfähig war.

Pico wurde später osteopathisch behandelt, und nach der Untersuchung durch einen ganzheitlich orientierten Tierarzt wird nun an der Entgiftung und am Aufbau des Darmsystems gearbeitet, was bereits viel hilft – Pico wird ruhiger.

Die Substitution mit Schilddrüsenhormonen wurde mittlerweile ausgeschlichen. Picos Bezugspersonen sind sich sicher, dass der Weg richtig ist. Wenn die gesundheitlichen Aspekte bearbeitet sind, ist der Weg für erfolgreiches Training frei.

Wie geht es meinem Hund?

- Er friert ein, wenn man ihm Geschirr, Halsband oder Mantel anzieht oder wenn man sich hinunterbeugt, um die Leine einzuhaken oder abzumachen.
- Er mag es nicht, abgetrocknet zu werden, die Krallen geschnitten zu bekommen oder gebürstet zu werden.
- Er reagiert hektisch, wenn man ihn trägt oder ihm auf eine Erhöhung hilft.
- Er knurrt, schnappt in die Luft oder zwickt, wenn man neben ihm auf dem Sofa sitzt oder sich ihm annähert, wenn er gerade irgendwo ruhig liegt.
- Er kann sich nicht oder nur sehr kurz konzentrieren und lernt langsam.
- Er läuft Pass, schleift mit den Füßen, hat ein verändertes Gangbild.
- Er ist sehr unsicher auf glatten, rutschigen Oberflächen oder wenn er Treppen hinunter- oder hochlaufen soll.
- Er hat aufgehört, körperliche Spiele zu spielen, die er vorher gern gespielt hat.
- Er spielt immer nur einige Minuten, dann hört er auf und entfernt sich.
- Er kann nicht mehr leicht ins oder aus dem Auto steigen oder von einer Erhöhung springen.
- Sein Fell ist an einigen Stellen struppig, schuppig, farblich verändert oder weist deutliche Wirbel auf.
- Er steht nicht oder zögernd von seinem Bett auf, wenn man ihn darum bittet.
- Er setzt oder legt sich unterwegs oft hin oder mag nicht mehr weiterlaufen.
- Statt sich auf Signal hinzusetzen, legt er sich hin, oder er bleibt nicht lange stehen, sondern legt sich in der Regel schnell hin.
- Er wirkt irgendwie niedergeschlagen oder in sich gekehrt.
- Sein Verhalten in neuen Situationen oder bei Begegnungen mit fremden Menschen und Hunden wird zunehmend reaktiv.
- Seine Geräuschempfindlichkeit hat sich verstärkt.
- Er reagiert empfindlicher auf Sichtreize, zum Beispiel mit Knurren oder Bellen.
- Er hat keine Frusttoleranz, ist leicht reizbar und zeigt schnell Übersprungsverhalten oder unerwünschtes Verhalten.
- Er beschäftigt sich wie besessen mit einem „Hobby" (zum Beispiel Erde fressen, abgemähte Grasbüschel auflesen, nach Mäusen buddeln) und ist dabei nicht ansprechbar.
- Er ist „hyperaktiv" – auch drinnen.

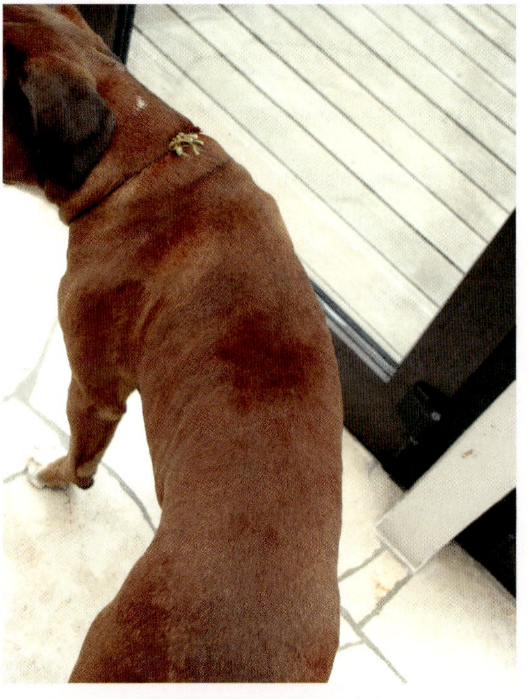

Veränderungen der Fellstruktur können auf Schmerzen hindeuten. (Foto: Katrien Lismont)

- Er schläft nicht tief und träumt nicht.
- Er leckt oder beißt sich häufig an Körperteilen wie den Vorderbeinen, den Hinterbeinen oder der Flanke.
- Beim Drehen nach rechts oder links biegt er seinen Körper nicht, sondern weicht mit der Hinterhand aus.
- Er schüttelt sich nicht mehr oder er schüttelt nur den Kopf.
- Die Muskelstärke, zum Beispiel in den Oberschenkeln oder Schultern, ist sehr unterschiedlich.
- Er steht nicht still und verlagert das Gewicht ständig von links nach rechts oder von vorn nach hinten und umgekehrt.
- Er steht/sitzt/liegt immer mit einem nach außen gelegten/gestreckten Hinterbein oder mit einem Bein, das nach vorn oder hinten gehalten wird.
- Er schaut draußen abwesend in die Ferne, als wollte er sich aus der Situation „wegzaubern“. Er ist unkonzentriert, orientiert sich schlecht an seiner Bezugsperson und schaut erst recht in die Ferne, wenn man etwas von ihm verlangt. Bewegungsreize, die weit entfernt sein können, ziehen ihn sofort in ihren Bann.
- Er schaut so nach oben oder zur Seite, dass viel Weiß in den Augen zu sehen ist (dies kann auf Steifheit der Halswirbelsäule hinweisen).

Ernährung

Das Thema Ernährung ist ein weites Feld und spielt selbstverständlich in den Bereich der Gesundheit hinein. Die richtige Ernährung und damit ein gesunder Zustand des Darms sind Teil der Basis für eine gute und stabile Gesundheit. Ich werde an dieser Stelle weder bestimmte Ernährungsformen noch Futtersorten anpreisen oder ablehnen. Zum Glück leben wir, was die Auswahl von Nahrungsmitteln für Hunde betrifft, im Schlaraffenland. Hier in Deutschland und sicher auch in den Nachbarländern ist es kein Problem, ein für den eigenen Hund individuell passendes Fertigfutter zu finden oder die Nahrung aus frischen Zutaten selbst zusammenzustellen. Es ist sinnvoll, eine gründliche Ernährungsberatung durch einen Experten in Anspruch zu nehmen. Viele Tierärzte, Heilpraktiker und Hundetrainer sind fit in diesem Bereich. Prüfen Sie aber unbedingt die entsprechende Qualifikation. Außerdem sollte natürlich der gesunde Menschenverstand nicht fehlen, der uns zum Beispiel sagen wird, dass Discounter keine Futtermittelspezialisten, sondern extrem margenorientierte Unternehmen sind und die Wahrscheinlichkeit gering ist, dass man ausgerechnet dort gesundheitsförderliche Nahrung für seinen Vierbeiner findet.

Es ist eine gute Idee, eine Futterumstellung durch eine Darmsanierung und -aktivierung zu begleiten. Sie entgiftet und entschlackt den Darm und aktiviert das Darm- und Magenmilieu, sodass der Verdauungstrakt resistent und leistungsfähig wird. Nur durch einen gesunden Darm gelangen die Nährstoffe an die Stellen des Körpers, wo sie hingehören und benötigt werden.

Im Folgenden finden Sie einige Punkte, an denen Sie erkennen können, ob ein Hund gutes Futter bekommt:

- Der Hund hat einen regelmäßigen Stuhlgang, nicht zu viel und nicht zu wenig. Mehr als vier Häufchen am Tag sind eher viel; weniger als zwei Häufchen sind eher wenig. Das sind allerdings nur grobe Richtwerte, denn der Stoffwechsel und seine Geschwindigkeit sind so individuell wie jeder Hund.
- Der Stuhlgang ist deutlich geformt und leicht aufzunehmen, also nicht zu weich und nicht zu hart. Häufige Durchfälle oder sehr weicher Stuhlgang – mehrmals pro Woche oder gar täglich – weisen auf einen geschwächten Darm hin.
- Die Farbe des Stuhlgangs sollte dunkelbraun bis hellbraun sein, je nachdem, was der Hund gerade gefressen hat.
- Das Fell ist weich, locker und klebt nicht.
- Der Hund hat weder Körpergeruch noch Mundgeruch.
- Der Hund hat wenig oder keine Blähungen, besonders keine übelriechenden.
- Der Hund hat einen gesunden Appetit, seinem Alter und seinem Aktivitätslevel entsprechend. Das zeigt sich daran, dass er den angebotenen Napf sofort komplett leer frisst.
- Die Augen sind klar und haben keinen starken oder dunklen Ausfluss.
- Die Ohren sind sauber und haben keinen unangenehmen Geruch.
- Der Hund frisst unterwegs nicht alles, was herumliegt – auch keinen Kot von anderen Hunden, schon gar nicht den eigenen.
- Der Hund frisst nichts, was sich nicht tatsächlich als Nahrungsmittel eignet – keine Steine, Erde, Putz von der Wand, Holz und Ähnliches.

Körperliche, seelische und mentale Verfassung

Hierbei geht es um das Wohlbefinden des Hundes in jeder Hinsicht. Selbstverständlich ist unsere Einschätzung, wie unser Hund sich fühlt, oftmals subjektiv, aber dennoch zeigen meine Beratungsgespräche, dass sich in aller Regel relativ schnell abklären lässt, ob zumindest die Basisbedürfnisse des Hundes erfüllt sind. Hinzu kommen dann weitere individuelle Faktoren, die zur in meinen Augen sehr wichtigen emotionalen Balance beitragen. Inwieweit diese erfüllt sind und wie sie sich gegebenenfalls optimieren lassen, erfordert genaueres Hinsehen. Mehr dazu später in diesem Kapitel.

BASISBEDÜRFNISSE

Ein geschützter, trockener, warmer und zugfreier Schlafplatz, genügend geeignetes Futter und Wasser, mehrmals täglich angemessene Aktivität an der frischen Luft sowie ausreichend Nähe und Kontakt zur Bezugsperson sollten selbstverständlich sein.

Weitere Aspekte sind ein harmonisches Umfeld und Sicherheit. Das Wohlbefinden eines Hundes, der sich in seinem Heim oft fürchten muss oder gar bedroht fühlt, wird empfindlich gestört.

Ebenfalls sehr wichtig ist es, dass der Hund grundsätzlich gelernt hat, sich in unserer „Menschenwelt" zurechtzufinden, und dass er in für ihn schwierigen Situationen von seiner Bezugsperson angemessen unterstützt wird.

Gemeinsame Aktivitäten mit der Bezugsperson gehören zu den Basisbedürfnissen eines Hundes. (Foto: Archiv Lismont/Kathi Thiele)

Etwas komplexer wird es, wenn es darum geht herauszufinden, ob der Hund wirklich art- und typgerecht gehalten wird. Je nach Rasse und individueller Veranlagung haben Hunde spezifische Bedürfnisse, die erfüllt sein müssen. Es gilt also, diese Bedürfnisse richtig einzuschätzen.

Auch bei der Frage nach dem Alleinbleiben gibt es einiges zu berücksichtigen. Bis zu sechs Stunden am Stück gelten als zumutbar, sofern alle anderen Bedürfnisse des Hundes erfüllt sind und er mit kleinschrittigem Training darauf vorbereitet wurde. Stellt sich heraus, dass der Zeitraum länger ist, sollte unbedingt nach einer Lösung gesucht werden, wie das Alleinbleiben unterbrochen werden kann oder die Dauer sich verkürzen lässt. Zudem verkraften es längst nicht alle Hunde, tatsächlich sechs Stunden lang allein zu sein. Es gibt große individuelle Unterschiede, und dass der Hund nichts anknabbert und nicht heult bedeutet nicht unbedingt, dass er sich allein wohlfühlt. Manche Hunde leiden im Stillen, was ein starker Stressor sein kann, der Verhaltenstraining deutlich beeinträchtigt. Im Idealfall filmt man daher an mehreren aufeinanderfolgenden Tagen den Hund beim Alleinsein, um zu überprüfen, ob er tatsächlich gut zurechtkommt.

Die Ausrüstung des Hundes sehe ich mir ebenfalls genau an. Sie spielt im Zusammenhang mit der Reaktivität an der Leine eine wichtige Rolle. Meiner Meinung nach gibt es heute absolut keinen Grund mehr, einen Hund am Halsband oder gar an einer Kette zu führen. Ein passendes Geschirr ist die beste Wahl (mehr dazu im Kasten auf der folgenden Seite).

EMOTIONALE BALANCE

Das Leben spielt sich fürwahr nicht im Reagenzglas ab. Damit meine ich, dass Hochs und Tiefs im Erregungsniveau in gewissem Rahmen normal sind und der Hund durchaus zeitweise Stress haben kann und aushalten sollte. Es ist jedoch wichtig, dass der Alltag für den Hund zu bewältigen bleibt und ihn hinsichtlich Intensität und Dauer der Erregung nicht permanent an seine Grenzen oder gar darüber hinaus bringt. Es gibt draußen und drinnen Stressoren zuhauf: beim Spaziergang, in der Familie, im Büro, im Haushalt. Diese nehmen wir als Mensch nicht immer als solche wahr, da sie zu unserem Alltag gehören. Für Hunde stellen sie aber oftmals Ereignisse und Zustände dar, die es zu meistern gilt, wofür der eine Hund mehr, der andere weniger Energie aufwenden muss. Die verbrauchte Energie muss dann in ausreichendem Maß wie-

Bei einem gut sitzenden Geschirr muss die Gurtbreite zum Körperbau des Hundes passen. Eine Handbreit Platz hinter der Schulter verhindert, dass der Muskel Druck erhält.

Zwischen den Vorderbeinen darf der Gurt ebenso wenig scheuern. Insgesamt sollte das Geschirr weich gepolstert sein. (Fotos: Katrien Lismont)

Warum Geschirr statt Halsband?

- *Durch das Geschirr wird die Haltung des Hundes nicht negativ beeinflusst. Wird der Hund hingegen am Halsband geführt und springt nach vorn in die Leine, verspürt er einen starken Druck am Hals. Dadurch richtet sich entweder der ganze Körper auf oder der Hund lehnt sich gerade nach vorn und läuft mit angewinkelten Beinen. Das ist keineswegs eine geerdete Haltung und damit eine schlechte Voraussetzung für die souveräne Bewältigung einer Hundebegegnung. Zudem sieht sich der andere Hund einem stark angespannten Artgenossen gegenüber, worauf die meisten Hunde eher ungünstig reagieren.*
- *Bei einem Geschirr wird der Druck gleichmäßiger und sanfter über den gesamten Körper verteilt. Ein Halsband übt in erster Linie Druck auf den Kehlkopf aus, sodass dieser gequetscht werden kann. (Folgeverletzungen der Stimmbänder und der Schilddrüse sind nicht ausgeschlossen. Verspannungen und Zerrungen der Halswirbelsäule sind ebenfalls möglich. Ein am Halsband geführter Hund kann nicht im Gleichgewicht sein und der durch den Druck verursachte Schmerz wird recht schnell mit Hundebegegnungen verknüpft.*
- *Ein gut sitzendes, nicht störendes Geschirr trägt zum allgemeinen Wohlbefinden bei, indem es Verspannungen im Nacken und hinteren Rückenbereich vorbeugt, die oft zu reaktivem Verhalten führen.*
- *Mit einem pfiffig genähten und gut sitzenden Geschirr, bei dem vorn ein Zusatzring angebracht wurde, hat man die Möglichkeit, den Hund an zwei Punkten zu führen. Das verleiht dem Hundehalter mehr Kontrolle über die Situation, verteilt die Kraft auf zwei Kontaktpunkte und erlaubt Hund und Mensch, besser im Gleich-gewicht zu bleiben.*
- *Mit einem Geschirr ist kann man mindestens ebenso gut Leinenführigkeit üben wie mit einem Halsband.*

der „aufgeladen" werden, um für neue Stressoren gewappnet zu sein. Deshalb ist es unbedingt notwendig, dass der Hund im Alltag ausreichend Schlaf, Ruhe und Entspannung findet.

Im Erstgespräch frage ich gezielt nach den Ruhemomenten im Alltag. Konkret ausgedrückt: Wie viele Stunden Schlaf oder tief entspannte Ruhe bekommt der Hund innerhalb von 24 Stunden? Wie sieht das auf die gesamte Woche umgerechnet aus? Je nach Alter und sonstiger Auslastung im Alltag sollte eine Ruhezeit von 15 bis 17 Stunden angestrebt werden. Ganz junge Welpen brauchen in der ersten Zeit nach dem Einzug bis zu 20 Stunden Ruhe.

Fast ausnahmslos bekomme ich auf die Frage nach der Ruhezeit die kurze Antwort „viel". Das reicht mir jedoch nicht, da es sich meist um eine subjektive Einschätzung handelt. Nehmen Sie sich also tatsächlich einmal die Zeit und schreiben Sie sich die Schlaf- und Ruhephasen Ihres Hundes an einem typischen Tag auf. Falls die Tagesabläufe im Verlauf einer typischen Woche sehr unterschiedlich sind, sollten Sie Ihre Zählung über sieben Tage durchführen.

Tatsächlich wird dieser wichtige Aspekt im Leben von Hunden oft vernachlässigt. Zudem wird nicht selten viel Aufwand betrieben, um den Hund „auszulasten", damit er zu Hause ruhiger wird. Das ist sogar verständlich, denn allzu häufig hört man, dass nur müde und ausgepowerte Hunde gute Hunde sind. Genau das ist jedoch ein Trugschluss. Ein Übermaß an Aktivität führt zu fahrigem und reaktivem Verhalten. Frustrierte, rastlose und dauermüde Hunde sind irgendwann nur schwer zu ertragen. Leider wird das oft nicht erkannt, und der vermeintlich „unausgelastete" Hund wird noch ein bisschen mehr ausgepowert. Ein fataler Teufelskreis entsteht, bei dem Hund und Bezugsperson nur verlieren können. Das Ergebnis sind Verhaltensprobleme wie Reaktivität an der Leine, Hyperaktivität oder übertriebenes Jagdinteresse. Wenn Hunde unter Stress stehen, suchen sie sich ein Ventil. Sehr häufig handelt es sich dabei um genetisch verankertes Verhalten (selbstbelohnend, etwa Jagen oder Buddeln) oder Verhalten, das eine lange Belohnungsgeschichte hat, also in der Vergangenheit sehr viel geübt und verstärkt wurde (etwa das Hinsetzen oder Anschauen des Menschen).

In meinem Welpenunterricht steht Ruhe im Haus und zwischen den Aktivitätszeiten an erster Stelle. Wer diesen Aspekt umsetzt, legt eine solide Basis für das weitere Leben des Hundes.

Ruhe – aber wie?

Viele Hunde haben nicht gelernt, auch mal abzuschalten. Zum Glück können Sie Ihren Hund dabei unterstützen. Voraussetzung ist, dass Sie selbst dieses Ziel vor Augen haben und das entsprechende Training umsetzen wollen. Es lohnt sich, dafür etwas Aufwand zu betreiben.

- Schaffen Sie, sofern noch nicht vorhanden, Rückzugsorte für Ihren Hund.
- Bringen Sie Ihrem Hund in kleinen Schritten bei, seine Decke als Ruhestätte aufzusuchen. Alternativ können Sie ihm eine Höhle oder eine Box anbieten. (Es geht

Ideal ist es, wenn Hunde schon im Welpenalter lernen, sich zu entspannen. (Foto: Katrien Lismont)

nicht darum, den Hund einzusperren, um selbst Ruhe zu haben! Lange und häufige Bewegungseinschränkung wirkt sich negativ auf sein Wohlbefinden aus.)

- Sorgen Sie in der Zeit des Umlernens für ein ruhiges Umfeld. Kommt Ihr Hund beispielsweise schlecht zur Ruhe, weil ihn das „Vogel- oder Eichhörnchenkino" draußen aufregt, schließen Sie den Rollladen oder bekleben Sie die Fensterscheiben mit Sichtschutzfolie, um es auszublenden.
- Bieten Sie dem Hund entspannende, ruhige Beschäftigungsmöglichkeiten an. Geeignet ist zum Beispiel ein mit Futterpaste gefülltes Spielzeug zum Ausschlecken oder ein Karton mit verpackten Leckerchen, die er erst auspacken muss.
- Sagen Sie immer ein bestimmtes Wort, wenn Ihr Hund sich gerade entspannt. Dieses mit Entspannung verknüpfte Signal können Sie in turbulenten Zeiten einsetzen, um Ihren Hund „runterzuholen".
- Die beruhigenden Berührungen aus der Tellington-TTouch®-Methode oder Hilfsmittel wie Körperband und Thundershirt® tragen ebenfalls viel zur Entspannung bei.
- Eine von einem Experten individuell auf den Hund abgestimmte Bach-Blüten®-Mischung kann ebenfalls hilfreich sein. Von fertigen Blütenmischungen aus dem Tierbedarf rate ich ab.
- Auch Aromatherapie mit beruhigenden Düften kann unterstützend wirken. Informieren Sie sich gründlich über den angemessenen Gebrauch entsprechender Essenzen oder lassen Sie sich von einem Profi beraten. Die Hundenase ist nämlich sehr viel sensibler als unsere.
- Sie können ruhiges Verhalten mit dem Marker einfangen und (mit einer ruhigen Belohnung) verstärken.
- Achten Sie auf angemessene statt übermäßige Auslastung.

Viel ist nicht genug

Es kommt heute nicht selten vor, dass Hunde zu viele Termine im Kalender stehen haben: Hundesport, Erziehungs- und Ausbildungskurse, Spaziergänge, Hundewiese, Besuche in der Schule oder im Pflegeheim, Physiotherapie und einiges mehr. Manche Hunde werden insgesamt bis zu fünf Stunden am Tag Gassi geführt. Manchmal finden

Sport- und Erziehungsaktivitäten in mehreren Hundeschulen oder -vereinen parallel statt. Oft wird dabei besonderes Augenmerk darauf gelegt, dass die Aktivität möglichst viel Energie verbraucht. Die Folge ist leider, dass die höchst erregten und arbeitsfreudigen Hunde irgendwann – schneller, als man denkt – über keine Regulation und Selbstbeherrschung mehr verfügen und nur noch dann ruhig und aufmerksam sind, wenn sie auf das nächste Signal warten oder darauf, starten zu dürfen. Kommt dieses Signal nicht schnell genug, schraubt sich ihre Frustration hoch. Und hier beginnt der Teufelskreis: Der Hund ist erregt und bettelt nach Action, der Mensch möchte seine Ruhe und gibt ihm deshalb etwas zu tun, was der Hund in dem Moment als belohnend empfindet. Und selbst wenn das Verhalten nicht direkt vom Halter belohnt wird, bringt der Zustand der Erregung an sich meistens Erleichterung. So kommt es, dass der Hund ständig nach neuen Aufgaben sucht – obwohl er doch eigentlich ausgepowert sein sollte ...

Häufig passiert es auch, dass Hunde nach einer aufpeitschenden Aktivität abrupt ins Auto gebracht werden, ohne dass sie zuvor mittels Cool-down-Übungen oder etwas Zeit zur Beruhigung die Gelegenheit hatten, etwas Erregung abzubauen. Ähnlich extrem ist es, wenn in der Mittagspause mal schnell ein 15-minütiges aktives Ballspiel angeboten wird, nach dem der Hund direkt mehrere Stunden lang allein bleiben soll. Da sitzt er nun mit seinem hohen Adrenalinspiegel ... Der Frust wächst und zieht immer neue Verhaltensbaustellen nach sich.

All diese Dinge sind ohne Zweifel gut gemeint, ebenso sicher sind sie aber zu heftig und zu viel. Wenn Menschen zu mir kommen, weil ihr Hund, zumindest bei Begegnungen an der Leine, außer Rand und Band ist, dann steht schnell fest, dass die Lebensbedingungen verändert werden müssen. Solange der Alltag so bleibt, wie er immer war, und nur Training am Symptom als Lösung hinzukommt, wird sich nur schwer etwas verändern lassen. Das kann ein langer und frustrierender Weg werden.

Selbstverständlich tut es vielen Hunden gut, wenn sie mal richtig „powern" können. Das lässt sich prima in den Alltag einbauen, auch in den Spaziergang oder die Mittagspause. Freudiges und ausgelassenes Spiel ist ein hervorragendes Mittel gegen Stress und angestauten Frust und kann auch beim Training von wichtigen Erziehungselementen hervorragend als Verstärker und Spaßintermezzo genutzt werden. Einige Möglichkeiten dazu werde ich später noch beschreiben. Das Fazit lautet: Action ja, aber immer in Maßen und mit Köpfchen.

Angemessene Auslastung für Kopf und Körper

Genügend Ruhe und angemessene Auslastung sind die ideale Kombination. Es ist mittlerweile kein Geheimnis mehr, dass sich eine ausgewogene Auslastung sowohl aus körperlichen als auch aus geistigen Aktivitäten zusammensetzt. Dabei kann beides in einer einzigen Aktivität verbunden werden oder man bietet nach einer aktivierenden körperlichen eine beruhigende mentale Beschäftigung an. Das richtige Maß zu finden ist eine

Apportierspiele machen vielen Hunden Spaß.
(Foto: Katrien Lismont)

Gratwanderung, bei der man sehr individuell vorgehen muss, denn jeder Hund ist nun mal ein bisschen anders.

Berücksichtigen sollte man die Rassenangehörigkeit, die Größe, das Alter, die körperliche Verfassung und die Gegebenheiten des Umfelds. So sollten leichtfüßige und bewegungsfreudige Hunde laufen dürfen, während schwere, massige Hunde eher ruhigere, aber dennoch anspruchsvolle Aufgaben brauchen. Bei kleinen Hunden muss die Belastung an die Körpergröße und die damit einhergehenden Einschränkungen angepasst sein. Zweimal 10 Minuten pro Tag um den Block oder auf die Wiese sind schlicht und ergreifend nicht ausreichend. Zweimal 60 Minuten nur an der kurzen Leine nebenherlaufen jedoch auch nicht. Und regelmäßig eineinhalb Stunden Freilauf und aufgeregtes Spiel auf der Hundewiese erweisen sich ebenso oft als kontraproduktiv.

Der Hundehalter sollte daher Kopf und Herz einsetzen und schauen, was seinem Hund individuell guttut und ihn aufleben lässt, ohne dass er überdreht. Dabei spielt nicht nur die Quantität der Beschäftigung, sondern vor allem die Qualität eine Rolle. Später in diesem Buch finden Sie einige Beschäftigungsmöglichkeiten, die neben einer mentalen und körperlichen Auslastung positive Nebeneffekte für das Zusammenspiel von Mensch und Hund haben.

Fallbeispiel Dusty

Dusty, ein vierjähriger Mini-Aussie, kam wegen Reaktivität an der Leine zu mir ins Training. Nachdem ich ihn im Erstgespräch kennengelernt hatte, war es für mich schwer zu glauben, dass dieser Bub sich an der Leine in einen Derwisch verwandeln konnte. Ich nahm jedoch wahr, dass er sich zwar äußerlich ruhig verhielt, aber innerlich rastlos war. Er konnte sich nicht hinlegen und stand einfach herum. Wie immer fragte ich im Erstgespräch viele Details ab und versuchte, die Antworten zu einem Gesamtbild des Hundes zusammenzufügen.
Es stellte sich heraus, dass Dusty ein zu großes Aktivitätsprogramm hatte. Viele und lange Gassirunden (insgesamt bis zu fünf Stunden am Tag), viel und häufig mit hoher Erregung verbundenes Ballspiel und dazu noch im Haus Hundepuzzles als Kopfbeschäftigung. Darüber hinaus wurden einige einschränkende „rangreduzierende Maßnahmen" aus der vorhergehenden Trainingsgeschichte durchgeführt.
Wir haben bestimmte Maßnahmen rigoros gestrichen und andere reduziert. Als das Frauchen einige Tage später ins erste Markertraining kam, konnte sie berichten, dass sich Dustys reaktives Verhalten an der Leine jetzt schon auf Einzelfälle reduziert hatte – ohne besonderes Training. Dann fingen wir an, mit Dusty belohnungsorientiert zu arbeiten. Als beide ins zweite Training kamen, lief Dusty freudig und sehr aufmerksam neben seinem Frauchen. Außerdem fiel mir auf, dass sein Fell weicher und glänzender war, seine Augen strahlten, er interessiert dabei war und kooperieren wollte. Bei den Begegnungstrainings verhielt er sich meistens völlig unauffällig und zeigte sich sehr höflich und zurückhaltend.
Diese Geschichte zeigt: Es ist nicht immer schwierig und stressig, unerwünschtes Verhalten zu ändern. Wenn man begreift, dass ein Hund aus mehr als nur situativ angebotenem Verhalten besteht, und wenn man bereit ist, mehrere Aspekte des Alltags unter die Lupe zu nehmen und zu optimieren, dann ist das schon die berühmte halbe Miete. Das Training ist dann noch das i-Tüpfelchen, das viel Spaß machen kann.

Heftige Ballspiele können Hunde regelrecht aufputschen. (Foto: shutterstock.com/Grigorita Ko)

Freude oder Frust?

Es geht mir vor Beginn eines Trainings darum herauszufinden, ob der Hund tatsächlich Freude an all dem hat, was ihm geboten wird. Nicht jedes „aufgedrehte" Verhalten drückt Freude aus. Es kann ebenso Zeichen von Frust und Überforderung sein. Eine weitere wichtige Frage ist, ob sich Ernst und Spaß im Alltag die Waage halten. Wie viel „muss" der Hund und wie viel „darf" er?

Alarmierende Zeichen für zu viel Action sind eine dauerhafte Rastlosigkeit und das Fehlen von einem gesunden Maß an Impulskontrolle. Es gibt aber auch das andere Extrem: einen in sich gekehrten Hund, der womöglich apathisch wirkt oder durch zwanghaftes Verhalten wie Pfotenlecken oder -nuckeln seine Wohlfühlbilanz aufstockt, weil er sich langweilt.

Gehen Sie in sich: Führen Sie über mehrere Wochen (mindestens drei) Tagebuch und halten Sie darin fest, was Sie für Ihren Hund auf der negativen Seite der Emotionen und was Sie auf der positiven Seite verbuchen würden. Sie haben es selbst in der Hand.

Hier noch mal ein Überblick über die ersten Maßnahmen, die ergriffen werden sollten, wenn reaktives Verhalten seine Ursachen in zu viel Aktivität im Alltag haben könnte:

- Lassen Sie eine oder einige „High-Energy"-Aktivitäten weg (wie ausgiebiges Ballspiel) und ersetzen Sie diese durch mentale Aufgaben wie ruhiges Clickertraining, Nasenarbeit oder Balanceübungen.
- Überarbeiten und reduzieren Sie das gesamte Wochenprogramm.
- Sorgen Sie dafür, dass Ihr Hund mehr Schlaf und Ruhe findet (zum Beispiel durch Entspannungstraining, Körperkontakt, Tellington TTouch®).

Wie bei uns Menschen auch werden Reizbarkeit und ein schwaches Nervenkostüm bei Hunden oft durch zu viel Stress im Alltag hervorgerufen. Es geht also insgesamt darum, dass der Hund mehr Zeit zum Regenerieren bekommt, damit sich sein strapaziertes Nervenkostüm erholen kann. Ein robustes Immunsystem, eine gesunde Selbst- und Impulskontrolle, Ansprechbarkeit und die geistige Präsenz des Hundes sind eine direkte Folge hiervon.

(Foto: Katrien Lismont)

WAS KANN ICH VERÄNDERN?

Nun sind wir auf der zweiten Stufe der Hierarchie der Verfahren zur Verhaltensänderung angelangt. Es geht um das „Arrangement der Antezedenzien". Damit klar wird, worum es genau geht, machen wir hier einen Ausflug in die Verhaltensanalyse. Ein wunderbar transparentes Analyseverfahren ist die ABA (Applied Behavior Analysis, zu Deutsch Angewandte Verhaltensanalyse), die Dr. Susan Friedman entwickelt hat.

Sie zeigt uns, wie sich Ursachen oder Motivationen für ein bestimmtes Verhalten oftmals mit mehr oder weniger einfachen Maßnahmen so beeinflussen lassen, dass der Hund das unerwünschte Verhalten nicht mehr oder nur noch sehr schwach zeigt. Außerdem können wir mit etwas Kreativität die Umstände so anpassen, dass der Hund fast keine andere Möglichkeit hat, als nur noch erwünschtes Verhalten anzubieten. Das ist eine der wichtigsten Grundlagen für gewaltfreies Training.

Dr. Susan Friedman benutzt gern die von ihr so genannte ABC-Analyse:

A = Antecedent (Antezedenz), also das, was vor dem Verhalten auftritt. Die Antezedenz bestimmt, ob, wo und wie das Verhalten ausgelöst wird beziehungsweise auftritt.

B = Behavior (Verhalten), also das, was der Hund macht. Das Verhalten wird vom Hund selbst produziert.

C = Consequence (Konsequenz), also das, was direkt nach dem Verhalten geschieht beziehungsweise die Folge, die das Verhalten für den Hund oder seine Umwelt hat. Die Konsequenz bestimmt, ob und wie das Verhalten in Zukunft angeboten wird.

Im Folgenden beschreibe ich die Komponenten der Analyse am Beispiel der Leinenreaktivität, wobei ich die Antezedenzien bewusst an den Schluss stelle. Das liegt daran, dass es immer zuerst gilt, das Verhalten an sich zu analysieren und herauszufinden, welche Konsequenzen es sind, die es am Leben halten. Wenn man das weiß, kann man dafür

Bei der Verhaltensanalyse hilft es wenig, den Hund mit „Labels" zu versehen.
(Archiv Lismont/Abbildung mit freundlicher Genehmigung von Dr. Susan Friedman, www.behaviorworks.org)

sorgen, dass die Konsequenzen nicht mehr auftreten, indem man die Antezedenzien gezielt verändert.

Verhalten

Ausschlaggebend ist, dass der Mensch das tatsächliche Verhalten seines Hundes bei Begegnungen mit Artgenossen neutral beschreibt. Was genau macht der Hund? Was uns nicht weiterhilft, sind Aussagen wie: „Er ist wütend/heftig/dominant/aggressiv/hyperaktiv ..." Solche Adjektive geben keine Auskunft über das Verhalten, sondern sind nur Interpretationen. Dasselbe gilt für Vermutungen wie „Er würde den anderen Hund umbringenn". Auch wenn es für den Halter so aussieht – etwas, das noch nicht geschehen ist, stellt keine korrekte Information dar. Etiketten (Englisch „Label") wie „Angsthase", „Macho", „Krawallhund", „Alphahund" haben ebenso wenig Relevanz für die Analyse des Verhaltens und der dahinterstehenden Motivation. Sie stehen dem Finden der wahren Motivation vielmehr im Weg, weil wir dazu neigen, uns an ihnen festzuhalten und den Hund zu bewerten, meistens mit vermenschlichenden Attributen. Darüber hinaus beeinflussen sie das Verhalten des Menschen, und dieses wiederum beeinflusst das Verhalten seines Hundes. Die Bilder halten sich oft hartnäckig in der Gedankenwelt der Bezugspersonen. Das macht sie blind für die kleinen

Kommunikationszeichen des Hundes, die vielleicht auf andere Ursachen schließen lassen würden.

Wie aber kann man herausfinden, wie das Verhalten des Hundes tatsächlich aussieht? Hier einige Beispiele für Fragen, die verwertbare Informationen bringen können:

- Springt der Hund nach vorn in die Leine, wenn er einen anderen Hund sieht?
- Springt der Hund so heftig in die Leine, dass Sie nur schwer das Gleichgewicht halten können?
- Ist Ihr Hund in der Situation ansprechbar? Könnten Sie Erlerntes abfragen?
- Bellt er, wenn er einen anderen Hund sieht? Knurrt er, bevor er losbellt? Fletscht er die Zähne?
- Können Sie diese Lautäußerungen näher beschreiben?
- Ist der Körper des Hundes unter Spannung? Ist die Leine auf Zug?
- Richtet er die Aggression gegen seine Bezugsperson?
- Ist es in solch einer Situation schon einmal zum direkten Kontakt mit dem anderen Hund gekommen?
- Wenn es direkten Kontakt gab, was ist genau passiert? Kam es zum Streit und, wenn ja, mit welchen Folgen für die beteiligten Hunde?
- Wenn es keinen direkten Kontakt gab, wie genau haben Sie diesen verhindert?

Die Antworten auf diese Fragen sind meistens sehr aufschlussreich. Sie helfen, den betreffenden Hund und die Umstände so genau wie möglich einzuschätzen, ohne dass er zu Testzwecken absichtlich in eine Situation gebracht wird, die ihn zu dem Fehlverhalten veranlasst.

Der Verzicht auf Konfrontationen mit anderen Hunden ist manchmal etwas verwirrend für die Hundehalter, weil sie denken, dass der Trainer das Ausmaß des Verhaltens nicht einschätzen oder nachvollziehen kann, wenn er es nicht gesehen hat. Ich kann Sie beruhigen: Erfahrene Trainer wissen sehr wohl, wie solches Verhalten aussieht, und kennen auch all die menschlichen Emotionen, die das nach sich zieht.

Es ist nicht nur für den Trainer, sondern auch für Sie als Hundehalter sehr hilfreich, diese Fragen gezielt zu beantworten. So betrachten Sie nicht nur das Verhalten Ihres Hundes, sondern auch Ihr eigenes ganz bewusst, was der erste Schritt ist, um etwas ändern zu können.

Konsequenzen

Ein Verhalten entsteht nicht aus dem Nichts. Es tritt aufgrund von Antezedenzien auf und die Konsequenzen bestimmen, wie es sich entwickelt. Verstärken sie das Verhalten nicht, wird es schwächer oder verschwindet ganz. Wirken die Konsequenzen jedoch verstärkend, bleibt das Verhalten gleich oder tritt sogar intensiver zutage. Wenn sich ein Verhalten in einer bestimmten Situation wiederholt oder mit der Zeit sogar schlimmer wird, können wir also sicher sein, dass es Konsequenzen mit verstärkender Wirkung hat. Es ist von großer Bedeutung herauszufinden, welches die verstärkenden Konsequenzen sind. Möglicher-

Was kann ich verändern?

Warum kein Konfrontationstraining?

Konfrontationstraining, also mehr Hunde, am liebsten sofort die „Feindbilder", näher und schneller, lehne ich heute ab. Ich führe die Hunde nicht mehr bis zum höchsten Punkt der Belastung an den Auslöser heran, weil mir mittlerweile bewusst ist, wie viele Gehirnschaltungen und Berechnungsvorgänge dabei ablaufen müssen. Dazu kommen die Emotionen und die Ausschüttung jeder Menge Stresshormone – viel zu viel, um nachhaltig lernen zu können. Seit ich das BAT-Training praktiziere, lasse ich die Hunde ihre Distanz selbst vergrößern oder verringern. Ebenso halte ich es für reine Überforderung und Reizüberflutung, Hunde mit einem Maulkorb auszustatten und in einer Raufergruppe sich selbst zu überlassen. Es kann sein, dass eine solche Vorgehensweisen Erfolg bringt. Ich erkenne jedoch inzwischen zu viele feine Körpersignale, die mir sagen, was dabei im Hund vorgeht – und das ist kein schöner Anblick! Ich sehe lieber ruhiges Verhalten, Erkundungsverhalten und bewusstes Lernen in einem kontrollierten Umfeld.

weise verstärken wir selbst das Verhalten in der Situation unbewusst, es kann aber auch sein, dass es für den Hund selbstbelohnende Komponenten aufweist. Bei reaktivem Verhalten an der Leine ist meistens die Distanzvergrößerung die ausschlaggebende Motivation. Egal, ob der Hund Angst vor anderen Hunden hat, sich in ihrer Nähe unsicher fühlt oder aus anderen Gründen keinen Kontakt mit ihnen möchte. In all diesen Fällen wird die Distanzvergrößerung zum Auslöser des Verhaltens (dem anderen Hund) verstärkend wirken. Diese Distanzvergrößerung kommt allein durch die Tatsache zustande, dass die sich begegnenden Mensch-Hund-Teams jeweils in entgegengesetzte Richtungen weiterlaufen und sich dabei automatisch wieder voneinander entfernen. Häufig wird der reaktive Hund auch von seinem Menschen zurückgezogen, wenn er nach vorn in die Leine gesprungen ist. Egal, ob das sanft oder unsanft geschieht, wird damit eine Distanzvergrößerung erreicht, die dem Hund Erleichterung verschafft und somit sein Verhalten (das Nach-vorn-Springen) verstärkt. Er wird es also bei der nächsten Begegnung wieder zeigen. Es geht aber auch viel subtiler. Gerade bei größeren, aber eher unsicheren Hunden passiert es oft, dass der andere Hund auf ihr ausfälliges Verhalten hin ein wenig zurückschreckt. Sie machen also die Erfahrung, dass ihr Gebaren zur erwünschten Erleichterung und somit zu einer verstärkenden Konsequenz führt: Der andere beschwichtigt und weicht zurück.

Manchmal sind Menschen aufgrund des reaktiven Verhaltens ihres Hundes so verzweifelt, dass sie selbst grob werden, in der Hoffnung, die Situation unter Kontrolle zu bringen. Leider passiert aber oft das Gegenteil. So kann es sein, dass ein Hund, der bei Begegnungen mehrfach grob am Halsband hochgezogen wurde, in Zukunft noch heftiger reagiert. Bei genauer Betrachtung ist das kein Wunder. Er verknüpft die Begegnungssituation mit Schmerz und findet sie noch schlimmer, regt sich also noch mehr auf. Darüber hinaus wird er von nun an vielleicht generell auf Berührungen am Halsband heftig oder gar aggressiv reagieren, eventuell sogar gegen seinen Menschen.

Mal liegt der verstärkende Faktor auf der Hand und mal steckt der Teufel im Detail, aber durch die richtige Fragestellung kann man schnell zu den Antworten kommen, die zur Entschlüsselung des leinenreaktiven Verhaltens führen. Hier einige Fragen im Hinblick auf die Konsequenzen:

- Weichen Sie Begegnungen aus?
- Bei welcher Distanz ist Ihr Hund noch ansprechbar?
- Wie handhaben Sie es, wenn Ihr Hund bereits ausrastet?
- Wenn Sie sich und Ihren Hund aus der Situation entfernen (zum Beispiel durch Wegziehen an der Leine), passiert das vor oder nach dem reaktiven Verhalten?

Solange Sie noch keine bessere Lösung haben, ist es sinnvoll, die Nähe zu anderen Hunden, vor allem frontale Begegnungen, zu vermeiden. Es ist für Hunde, die noch keine gute Strategie erlernt haben, sehr schwer, sich in solchen Situationen souverän zu verhalten. So verhindern Sie zumindest, dass das Verhalten weiter verstärkt wird.

Der „frustrierte Begrüßer"

Sicher kennen Sie auch Hunde, die sich an der Leine beim Anblick eines Artgenossen erst einmal heftig gebärden, die Begegnung aber meistens „friedlich" hinbekommen, wenn sie abgeleint werden. Die Erfahrung mit dem BAT-Training hat mir gezeigt, dass der Schein in den meisten Fällen trügt. Im Training sieht man auch bei diesen Hunden, dass sie ruhig bleiben und auf direkten Kontakt verzichten können, wenn sie mehr Zeit und mehr Distanz bekommen. Sie laufen meiner Meinung nach so direkt auf andere Hunde zu, weil sie sich das „Monster" aus der Nähe ansehen wollen. Zudem ist bei Hunden das Unterschreiten einer gewissen Individualdistanz meistens Anlass für Kontakt suchendes Verhalten, das sich leider meist etwas unkontrolliert gestaltet. Je nachdem, wie das beim anderen Hund ankommt, kann die Begegnung ein gutes Ende finden oder nicht. Ich möchte daher betonen, dass es unfair ist, einen abgeleinten Hund zu einem angeleinten Hund hinrennen zu lassen. Letzterer hat gar keine Ausweichmöglichkeit und ist der Situation ausgeliefert.

Antezedenzien

Wie bereits erwähnt, ist eine Antezedenz etwas, das vorausgeht. Im Kontext der Verhaltensanalyse meinen wir mit Antezedenzien all die Rahmenbedingungen, die zu einem Verhalten führen. Sie können unmittelbar vor dem Verhalten auftreten oder auch ein bisschen ferner liegen.

Wenn wir das Verhalten eines Hundes ändern möchten, etwa das reaktive Verhalten an der Leine, ist es wichtig, dass wir die Antezedenzien kennen und diese bewusst anpassen. Nur so können wir geeignete Trainingssituationen schaffen. Mit Training in Situationen, die den Hund sehr belasten, kommt man hingegen oft nur schleppend voran oder erzielt gar keine Erfolge.

Es könnte zum Beispiel sein, dass ein Hund nur reaktives Verhalten zeigt, wenn ein anderer Hund plötzlich in seiner Nähe auftaucht. Da würde es helfen, wenn wir anfangs solche Überraschungen vermeiden könnten, bis der Hund schrittweise gelernt hat, auch mit solchen Begegnungen klarzukommen. Ein anderer Hund reagiert vielleicht nur heftig, wenn er den Artgenossen über eine große Distanz hinweg kommen sieht. Wieder ein anderer reagiert erst dann, wenn er beim Spaziergang dem dritten, vierten oder fünften Hund begegnet. Und bei einem weiteren Hund ist das Verhalten nur zu beobachten, wenn er zuvor eine halbe Stunde auf der Hundewiese war oder an dem Tag länger allein bleiben musste, kurz gesagt, wenn er zuvor viel Stress hatte. Auch in all diesen Fällen können wir Einfluss nehmen und die Auslöser anpassen.

Wie man an diesen Beispielen sieht, gibt es ganz unterschiedliche Gründe, warum sich Hunde bei Begegnungen an der Leine reaktiv verhalten, und nicht immer sind die Antezedenzien leicht zu erkennen. Oft sind es Dinge, die der Hundehalter auf den ersten Blick gar nicht für relevant hält. Es ist daher immer gut, wenn man eine Zeit lang (etwa drei Wochen) Tagebuch führt. Wenn Hunde bei Begegnungen unterschiedliches Verhalten zeigen, ist das sogar besonders zu empfehlen. So kommt man schneller darauf, welche Faktoren das unerwünschte Verhalten in welchem Maß auslösen. Die folgenden Fragen helfen, die einzelnen Puzzleteilchen zusammenzusuchen.

Wann?
Unter welchen Umständen und zu welcher Zeit tritt das Verhalten auf beziehungsweise verstärkt auf? Ist es beispielsweise immer dann der Fall, wenn der Hund zuvor viel erlebt hat, könnte Ermüdung der Grund sein. Ist es in der kalten Jahreszeit häufiger zu beobachten, sind Schmerzen im Bewegungsapparat in Erwägung zu ziehen. Zeigt der Hund sich oft im Dunkeln reaktiv, wären eingeschränkte Sicht oder generell erhöhte Unsicherheit mögliche Gründe.

Wo?
Ist der Hund immer an der gleichen Stelle oder auf der gleichen Strecke reaktiv? Dann ist dort vielleicht schon mal etwas vorgefallen oder es gibt eine besondere Belastung wie regen Pkw-Verkehr oder eine laute Baustelle. Betrachten Sie auch das Umfeld. Was kommt nach der Stelle, was davor?

Wie oft?
Wenn Ort und Zeit eingegrenzt werden konnten, ist es außerdem noch wertvoll zu wissen, ob das Verhalten immer in den betreffenden Situationen gezeigt wird oder nur manchmal. Ich versuche, Verknüpfungen zu parallel stattfindenden Ereignissen im Leben des Hundes zu finden, die dazu führen, dass er in einer bestimmten Situation mal reaktiv ist und mal nicht. Wichtige Faktoren, die unregelmäßig auftretendes Verhalten beeinflussen können, sind Schmerzen, zu viel oder zu wenig Auslastung oder sonstige Stressfaktoren, die das sprichwörtliche Fass gelegentlich zum Überlaufen bringen.

Seit wann?
Sehr häufig fängt der Hund an, reaktives Verhalten zu zeigen, nachdem er eine belastende oder gar traumatisierende Erfahrung gemacht hat: einen Übergriff – mit oder ohne Folgen – durch einen anderen Hund, einen operativen Eingriff oder ein anderes einschneidendes Ereignis. Auch tief greifende Veränderungen im Alltag oder in der Familie können Auslöser sein.

Wenn wir die Antezedenzien kennen, können wir beim Training fern vom eigentlichen Auslöser starten. Reagiert der Hund beispielsweise vor allem auf große, schwarze Rüden, beginnen wir das Training bewusst mit Hunden, die ganz anders aussehen. Nach und nach können wir uns dann dem „Feindbild" annähern. Bei Hunden, die sich vor allem vor der eigenen Haustür reaktiv zeigen, erarbeiten wir erst einmal in anderen Situationen ruhiges Verhalten.

In kleinen Schritten zur Generalisierung

Eine goldene Regel für das Hundetraining und für das Lernen im Allgemeinen lautet: Zuerst im überschaubaren Rahmen üben und dann in kleinen Schritten hinaus in die große Welt. Ich vergleiche das Erlernen von neuem Verhalten gern mit der Art und Weise, wie man das Autofahren lernt: erst mal auf dem Parkplatz, dann auf Landstraßen, später auf der Autobahn und schließlich in der Großstadt.
Die Generalisierung des Verhaltens ist das Ziel. Um beim Vergleich mit dem Autofahren zu bleiben: Wenn wir die nötigen Abläufe generalisiert haben, wissen wir in jeder Situation, wie wir unser Auto lenken, bremsen oder schalten.
So verlieren wir auch bei belastenderen äußeren Umständen nicht die Fassung oder die Herrschaft über das Fahrzeug. Auf unseren Hund übertragen bedeutet das: Haben wir richtig und nachhaltig trainiert, kann er das Gelernte später auch in für ihn schwierigen Situationen quasi automatisch abrufen.

(Foto: shutterstock.com/SpeedKingz)

WIE FUNKTIONIERT POSITIVES TRAINING?

Wenn wir die vorherigen Aufgaben im Hinblick auf den Alltag, das Wohlbefinden und die ausgewogene Auslastung abgearbeitet haben, ist das Training oft nur noch der Feinschliff. Aber es ist notwendig.

Unser Ziel ist es, dem leinenreaktiven Hund beizubringen, in Anwesenheit anderer Hunde ein Verhalten zu zeigen, das für uns, für ihn und für das Umfeld kein Problem darstellt. Mit anderen Worten: Es wäre wünschenswert, wenn er, statt zu bellen und in die Leine zu springen, eine gelassene Haltung einnehmen könnte, weiterhin denken könnte und sich nicht in Übersprungshandlungen verlieren würde.

Hunde haben keine Freude an ihrem reaktiven Verhalten an der Leine. Mit Training auf Basis positiver Verstärkung können wir aber erreichen, dass sie und auch wir selbst an der Umerziehung Freude bekommen, wodurch wir mehr Lebensqualität in unseren gemeinsamen Alltag bringen.

Bevor wir im folgenden Kapitel ins eigentliche Training im Hinblick auf die Leinenreaktivität einsteigen, möchte ich einige wichtige Grundbegriffe klären.

Operante Konditionierung

Bei der Leinenreaktivität handelt es sich oft um erlerntes Verhalten, das der Hund selbst ausgebaut hat, weil es für ihn eine positive Konsequenz nach sich zieht. Hätte das Verhalten für ihn keinen Vorteil oder sogar einen Nachteil, würde er es seltener oder gar nicht mehr zeigen. Das ist das Prinzip von Lernen durch Erfolg oder Misserfolg. In der behavioristischen Lernpsychologie spricht man von operanter Konditionierung.

In diesem Zusammenhang ist es notwendig, die im Folgenden erklärten Begriffe zu kennen und richtig zu verstehen.

Wie funktioniert positives Training?

Wichtig!

Jede neue Situation bietet Anlass zum Lernen, denn Lernen ist ein kontinuierlicher Prozess, der nie endet.

- **Positiv (+)**
  Man fügt etwas zur Umwelt hinzu.
- **Negativ (-)**
  Man entfernt etwas aus der Umwelt.
- **Verstärker (V)**
  Eine Konsequenz, die das Auftreten des Verhaltens erhöht
- **Strafe (S)**
  Eine Konsequenz, die das Auftreten eines Verhaltens reduziert

Kombiniert man diese Begriffe, ergeben sich vier Möglichkeiten, die in der operanten Konditionierung häufig als vier Quadranten dargestellt werden (siehe Kasten rechts). Hier jeweils Beispiele im Kontext der Reaktivität an der Leine.

V+:
Der Hund schaut kurz zu einem anderen Hund hin, wendet dann sofort seinen Blick ab und schaut seinen Menschen an. Für das Anschauen bekommt er punktgenau ein Markersignal (siehe folgendes Kapitel) und eine Belohnung.
➔ *Das eigenständige Unterbrechen seiner Blickrichtung und das Anschauen seines Menschen wurden positiv verstärkt.*

V-:
Der Hund schaut ruhig zum anderen Hund hin und dann wieder weg. Daraufhin darf er die Begegnung abbrechen und die Distanz zum Auslöser vergrößern.
➔ *Das ruhige, deeskalierende Verhalten wurde negativ verstärkt.*

S+:
Der Hund bellt einen anderen Hund an. Dafür bekommt er einen schmerzhaften Leinenruck. Wenn das Vermeiden des Schmerzes für ihn wichtiger ist als die Emotion, die ihn zum Ausrasten gebracht hat, wird er beim nächsten Mal möglicherweise weniger reagieren.
➔ *Das Bellen wurde positiv bestraft.*

S-:
Der Hund bellt einen anderen Hund an und wird daran gehindert, die Distanz zum Auslöser zu vergrößern (etwa durch Weiterlaufen oder Weglaufen). Sofern die zum Bellen führende Emotion nicht zu stark war, wird er beim nächsten Mal möglicherweise weniger bellen, weil ihm die verstärkende Konsequenz vorenthalten wurde.
➔ *Das Bellen wurde negativ bestraft.*

Es ist klar, dass die beiden Strafmodalitäten eine Belastung für den Hund darstellen. Belastung bringt Stress mit sich. Stress behindert das Lernen und zudem bedeuten die alltäglichen Begegnungen für Hunde, die damit ein Problem haben, auch ohne Strafe schon genug Stress. Daher hat es nur Vorteile, wenn wir uns beim Umlernen auf die positive Verstärkung konzentrieren. Negative Verstärkung spielt dann eine Rolle, wenn

Positive Verstärkung (V+)
Der Hund erhält etwas,
was er sehr gern haben möchte.
Motivierend, Verhalten aufbauend

Negative Verstärkung (V–)
Es wird etwas weggenommen,
was der Hund vermeiden möchte.
Erleichternd, Verhalten aufbauend

Positive Strafe (S+)
Dem Hund wird etwas zugefügt,
was er vermeiden möchte.
Demotivierend, Verhalten abbauend

Negative Strafe (S–)
Dem Hund wird etwas weggenommen,
was er haben möchte.
Frustrierend, Verhalten abbauend

eine für den Hund belastende Situation entstanden ist, aus der er sich anschließend entfernen darf. Ich möchte das im Training vermeiden und den Hund nicht absichtlich in Stress versetzen. Sollte es dennoch zu einer belastenden Situation kommen, was sich nicht immer ganz vermeiden lässt, muss der Hundeführer sehr genau darauf achten, wie und wann er diese für den Hund auflöst, weil die sich daraus ergebende Erleichterung verstärkend auf das vorangegangene Verhalten wirkt.

Markertraining

Ich werde im Folgenden kurz auf die wichtigsten Elemente des Markertrainings (oft auch als Clickertraining bezeichnet) eingehen, weil die späteren Übungen darauf aufbauen. Es gibt einige sehr gute Bücher, die diese Art des Trainings gründlich erklären, und ich kann nur empfehlen, sich darin zu vertiefen, weil das Markertraining der Inbegriff von positiver Verstärkung ist.

Der Vorteil von richtig umgesetztem Markertraining ist, dass man vollständig auf Gewalt, Bedrohung, Einschüchterung und übergriffige Strafen verzichten kann. Darüber hinaus wirkt es schnell und effektiv, indem es die natürlichen Lernformen aller Lebewesen nutzt.

In meinem Praxisalltag setze ich das Markertraining in allen Bereichen ein, ob in der Welpenerziehung, der Junghunderziehung, für Sport und Beschäftigung oder beim Verhaltenstraining.

Nicht selten stehen Hundehalter dem Markertraining dennoch ablehnend gegenüber, weil sie von angeblichen Einschränkungen und negativen Auswirkungen gehört haben. Die häufigsten möchte ich hier entkräften. Aussagen, wonach das Markertraining langsamer zum Erfolg führt oder nur bestimmte („einfachere“) Hunde mit Markertraining trainierbar sind, lassen sich durch meine Erfahrungen und die vieler nationaler und internationaler Trainerkollegen und -kolleginnen leicht widerlegen. Sie beweisen: Gut durchgeführtes und zielorientiertes Markertraining mit System und Struktur kann unmittelbar zu positiven Veränderungen führen.

Die ebenfalls oft vertretene Meinung, dass das Markertraining sich nur für Tricks eignet, darf man längst als überholt bezeichnen, und dass Markertraining bei dem lernenden Tier den Stresslevel erhöht, ist auch ein Ammenmärchen. Belohnungsorientiertes Lernen eignet sich für alle Situationen und wird von allen Tieren sehr gut und gern angenommen: Es erhöht die Kooperationsbereitschaft ungemein und trägt viel zur mentalen Auslastung bei. Mit positiver Verstärkung trainierte Tiere werden stressresistenter. Ihnen wird die Möglichkeit gegeben, ihr eigenes Wohlbefinden durch erlerntes Verhalten zu beeinflussen, wodurch sie viel mehr Vertrauen in sich und in ihre Umwelt bekommen. Zudem ist Verhalten, das positiv verstärkt wurde, besonders stark und wird oft in einem größeren Umfang als abgefragt angeboten. Dieses als Discretionary Effort bezeichnete Phänomen findet man nur bei der positiven Verstärkung.

Und schließlich müssen Sie sich, entgegen anderslautender Behauptungen, auch keine Sorgen machen, dass Ihr Hund durch Markertraining zu einer Art konditioniertem Roboter wird. Sicher kann man es mit allen Trainingsformen übertreiben und über das Ziel hinausschießen, aber mit Herz und Verstand angewendetes Markertraining birgt keine Risiken, sondern bringt nachhaltige Lösungen. Es ermöglicht, dass sich das Mensch-Hund-Team ein Instrumentarium erarbeitet, um den Alltag und eventuelle Krisen gemeinsam zu bewältigen. Markertraining trägt dazu bei, dass der Hund auch in stressigen Situationen weiterdenken kann, statt instinktiv zu handeln, und es ermöglicht dem Menschen, auf Erlerntes zurückzugreifen. Markertraining erlaubt eindeutige Kommunikation und klare Rückmeldungen an den Hund, wodurch gerade in emotional geladenen Situationen Verwirrung vorgebeugt wird. Wie bei der Begriffsklärung zur operanten Konditionierung deutlich wurde, lässt sich mit positiver Bestärkung ein neues Verhalten aufbauen, welches das unterwünschte Verhalten überflüssig macht. Und das ist doch viel besser, als lediglich das unerwünschte Verhalten so stark zu bestrafen, dass der Hund es in Zukunft vermeidet, ohne ihm eine Alternative aufzuzeigen – Strafe kann nämlich nur Verhalten ab- und nicht aufbauen.

AUFBAU EINES MARKERSIGNALS

Markertraining beinhaltet, dass ein konditioniertes Signal benutzt wird, um erwünschtes Verhalten zu markieren. Dieses Markersignal kann ein Wort, ein Laut oder eine Geste sein. Häufig wird ein Clickgeräusch verwendet, das mit einem kleinen Werkzeug, dem sogenannten Clicker, erzeugt wird. Man kann aber ebenso gut mit einem Wort arbeiten oder sogar Markerwort und Clicker parallel benutzen. So handhabe ich es, wobei es von der Situation und dem Moment abhängt, auf welches Signal ich zurückgreife. In schwierigen Situationen bevorzuge ich zum Beispiel das Clickgeräusch, weil es prägnanter ist und den Hund besser erreicht. Außerdem benutze ich den Clicker gern, wenn ich ein Verhalten ganz neu aufbaue. Für geräuschempfindliche Hunde kann der Clicker hingegen zu laut sein. Dann ist ein Wort die bessere Wahl.

Ein Markersignal ist ein Brückensignal, mit dem man erwünschtes Verhalten markiert und dem Lernenden ankündigt, dass er sich jetzt eine Belohnung verdient hat, die er auf jeden Fall bekommt. Das Markersignal überbrückt also die Zeit bis zur tatsächlichen Belohnung. Das hat große Vorteile, wenn man bedenkt, dass die Verstärkung innerhalb von 0,8 Sekunden erfolgen muss, damit das Verhalten tatsächlich öfter gezeigt wird. Mit dem konditionierten Markersignal ist es möglich, jegliches Verhalten, ob spontan gezeigt oder abgefragt, auch auf größere Entfernung „einzufangen", also punktgenau zu verstärken.

Der Aufbau eines Markersignals funktioniert in der Regel schnell. Suchen Sie hierzu einen Ort auf, an dem Ihr Hund weder von auditiven noch visuellen Reizen abgelenkt wird, und halten Sie einige sehr gute Leckerchen bereit. Jetzt lassen Sie Ihr gewähltes Markersignal ertönen (Clickgeräusch oder ein Wort wie „Click", „Yes", „Top" oder „Bingo") und geben Ihrem Hund sofort im Anschluss ein Leckerchen. Er muss dafür nichts anderes tun. Achten Sie darauf, wirklich erst nach dem Markersignal das Futter aus der Tasche, Schale oder Tüte zu holen. Das ist wichtig, weil Hunde vorrangig Bewegungen wahrnehmen. Würden Sie zu früh nach dem Futter greifen, würde Ihr Hund wahrscheinlich mehr auf die Bewegung achten und das Markersignal nur im Hintergrund registrieren. Wiederholen Sie diesen Ablauf vier- bis fünfmal. Nun warten Sie, bis der Hund seine Aufmerksamkeit kurz von Ihnen abwendet, und lassen dann Ihr Markersignal ertönen. Dreht er den Kopf daraufhin sofort in Ihre Richtung, war die Konditionierung erfolgreich. Wiederholen Sie auch diesen Vorgang einige Male, um die Konditionierung zu vertiefen. Schaut Ihr Hund Sie bei diesem Test noch nicht an, wiederholen Sie den vorigen Schritt (Markersignal plus Leckerchen) noch einige Male, bevor Sie erneut ausprobieren, ob die Konditionierung erfolgreich war. Hat es dann immer noch nicht geklappt, ist der Umstiegauf eine hochwertigere Futterbelohnung ratsam..

Ist das Markersignal konditioniert, können Sie es im Training einsetzen. Vergessen Sie aber nicht, es sorgfältig zu pflegen, indem Sie immer sofort danach eine Belohnung geben, damit es ein Leben lang seine Zauberkraft behält. Denn genau das ist es: ein Zaubersignal.

Für den Aufbau des Markersignals werden ein Clicker oder ein Markerwort und reichlich tolle Leckerchen benötigt. (Foto: Katrien Lismont)

DAS BESONDERE AM MARKERTRAINING

Beim Markertraining kommt es darauf an, sich auf das erwünschte Verhalten zu konzentrieren statt auf das Verhalten, das man korrigieren möchte. Für alle, die bisher anders trainiert haben, bedeutet das ein Umdenken. Wer sich darauf einlässt, wird bald feststellen, wie stark diese Art von Training ist. Je besser man die Technik beherrscht, desto klarer wird einem, dass es fast nichts gibt, das man nicht trainieren kann.

Bei dieser Art des Trainings werden nicht nur Handlungen verstärkt, die wir aktiv vom Hund fordern, sondern auch erwünschtes Verhalten, das der Hund von sich aus anbietet. Hierzu ein wichtiger Hinweis: „Verstärken, was richtig ist, macht stark. Verstärken, was nicht falsch ist, macht klug und alltagstauglich." Das bedeutet, dass der Hund immer wieder belohnt wird, wenn er erwünschtes Verhalten anbietet, egal, ob wir es abgefragt haben oder nicht. Allzu häufig wird gutes, also ruhiges und beherrschtes Verhalten, als Selbstverständlichkeit betrachtet, wodurch leider das positive Feedback für den Hund auf der Strecke bleibt. Das sollte sich mit dem Markertraining ändern. Hierzu ein Beispiel: Ein Hund schaut normalerweise aufgeregt um sich, wenn er ein lautes Fahrzeug auf sich zufahren sieht. Aus irgendeinem Grund setzt er sich aber in so einer Situation einmal kurz hin und sieht seinen Menschen an. Genau dafür sollte er belohnt werden.

Die Voraussetzung dafür, dass wir erwünschtes Verhalten wahrnehmen, ist, stets achtsam zu bleiben. Wenn uns das gelingt, können wir im Alltag immer mehr entsprechende Handlungen des Hundes positiv verstärken. Dadurch, dass sein richtiges Verhalten ihm eine Belohnung einbringt, wird ihm zunehmend klarer, was wir von ihm wollen. Sicher können Sie sich vorstellen, wie schnell die Stimmung im Alltag sich verbessert. Schon bald wird der Hund von sich aus immer mehr wünschenswerte Verhaltensweisen anbieten, denn er weiß ja nun, was sich für ihn lohnt, und wird sich darauf konzentrieren. Bedenken Sie nur, wie selten Sie dann noch so etwas wie „Aus", „Pfui" oder „Nein" sagen müssen. Sie werden feststellen, dass Sie mit der Zeit immer besser darin werden, Ihren Hund durch positive

Ein aufmerksamer Blick zum Menschen ist ein gutes Alternativverhalten zum Anstarren von Auslösern. (Foto: Shutterstock.com/Gina Callaway)

Bestärkung zu richtigem Verhalten zu lotsen, ohne mit Verboten und negativen Ansagen die Stimmung zu trüben.

Gute Stimmung ist ein sehr wichtiger Faktor im alltäglichen Umgang mit dem Hund. Kein Wunder, dass gerade ängstliche und unsichere Hunde durch das Markertraining schnell ein gesundes Selbstbewusstsein aufbauen. Sie werden dabei von einem Erfolgserlebnis zum nächsten transportiert. Darüber hinaus setzen Markersignale viele positive Impulse im Gehirn und Nervensystem des Hundes – so tragen sie ganz direkt zum seelischen und mentalen Wohlbefinden bei.

Hunde wie die „Hauptdarsteller" in diesem Buch haben einen Alltag, der durch Stress und Unsicherheit belastet ist, weil jede Begegnung mit Artgenossen einen Kampf mit sich selbst, dem Umfeld und oft auch mit dem Menschen am anderen Ende der Leine bedeutet. Ihnen kann man mit dem Markertraining einen konstruktiven, erfüllenden Ausgleich bieten, und außerdem sorgt es dafür, dass sie auch in schwierigen Situationen besser und länger ansprechbar bleiben.

MARKERTRAINING IM KONTEXT DER LEINENREAKTIVITÄT

Für das Training eines leinenreaktiven Hundes benötigen wir:

Ein gut aufgebautes Markersignal

Egal, ob es sich um ein Clickgeräusch oder ein Wort handelt – wichtig ist, dass es in unserem Alltag nicht vorkommt. Mit diesem Markersignal sollte man pfleglich umgehen und man sollte jedes Mal, wenn es ertönt, dafür sorgen, dass der Hund tatsächlich zeitnah eine Belohnung erhält. Markersignale, die zu oft ohne Belohnung bleiben, werden schwach und dadurch überhört. Das können wir uns in brenzligen Situationen wie Begegnungen nicht leisten.

Etwas, was der Hund anstelle des reaktiven Verhaltens zeigen soll – unser Zielverhalten

Hier gilt es, sich zu fragen: „Was soll mein Hund tun, wenn …?" Diese Denkweise hilft Ihnen mehr, beim Training voranzukommen, als wenn Sie sich nur damit beschäftigen, was der Hund NICHT machen soll. Letzteres bedeutet in der Regel, auf der Stelle zu treten.

Dabei sollten Sie den Leitsatz „Keep it simple!" beherzigen. Machen Sie es Ihrem Hund so einfach wie möglich. Gerade bei leinenreaktiven Hunden empfehle ich, Verhaltensweisen zu wählen, die der Hund von sich aus gern anbietet. Es ist sinnvoll, nur einige wenige Verhaltensweisen zu vertiefen. Bei einer kleinen Auswahl fällt es Hund und Mensch in stressigen Situationen leichter, sich für das Richtige zu entscheiden.

Durch das später beschriebene BAT-Training ermöglichen wir dem Hund, selbst ein Verhalten zu entwickeln, auf das er nach und nach ohne Hilfe zurückgreifen kann.

Eine oder mehrere wirksame Belohnungsmöglichkeiten

Finden Sie etwas, wofür Ihr Hund gern mehr leisten möchte. Bequem und sehr praktisch ist es, wenn der Hund gern Leckerchen frisst. Sie sind eine leichte, schnell organisierbare

Belohnung, die man außerdem vielseitig einsetzen kann. Die Futterbelohnung lässt sich auf unterschiedliche Art und Weise zur Verfügung stellen und in der Qualität fast grenzenlos variieren. Kann der Hund im Alltag keine Futterbelohnung annehmen, sollte man sich über den Stresspegel Gedanken machen und/oder den Verdauungsapparat checken lassen. In der Regel sind andere Probleme der Grund dafür, dass der Hund schlecht trainierbar ist.

Spiel ist ebenfalls eine schöne und empfehlenswerte Belohnungsmöglichkeit. Unter Umständen eignet sich die Spielbelohnung sogar noch besser als Ventil für aufgestaute Anspannung.

Selbstverständlich gibt es noch einiges mehr an Belohnungsalternativen. Wichtig ist, dass die Verstärker individuell passend gewählt werden, denn was der Hund als Belohnung empfindet, entscheidet allein er selbst. Das, was er sehr gern frisst oder tut, wird für ihn verstärkend wirken. Ob wir die richtige Belohnung für unseren Hund gefunden haben, merken wir an der Qualität, in der er das von uns gewünschte Verhalten in Zukunft zeigen wird. Bietet der Hund es immer schneller, freudiger oder sicherer an, hat der im Training eingesetzte Verstärker seine Aufgabe erfüllt.

Ebenfalls von Bedeutung ist es, den Verstärker klug zu wählen. So bin ich der Meinung, dass es keine gute Idee ist, beim Verhaltenstraining Buddeln, Sich-Wälzen, etwas anstarren oder Ähnliches als Verstärker einzusetzen. Es mag sein, dass der Hund diese Dinge auch im entspannten Zustand gern tut, aber in Stresssituationen sind sie häufig als Übersprungshandlungen zu verstehen, und es erscheint mir wenig sinnvoll, in ohnehin belasteten Situationen zur „Belohnung" ein Konfliktverhalten anzubieten.

Damit die Belohnung tatsächlich den gewünschten Effekt hat, spielt es außerdem eine Rolle, wo sie angeboten wird. Bei einem leinenreaktiven Hund möchten wir logischerweise das Hinstarren zum Artgenossen unterbrechen. Deshalb sollten Sie die Belohnung dort anbieten, wo Sie den Blick Ihres Hundes hinlenken möchten, nämlich nach hinten, weg vom anderen Hund. Außerdem sollte die Belohnung der Situation angemessen sein. Musste Ihr Hund zum Beispiel einiges aushalten, kann eine Spielbelohnung dazu dienen, die Anspannung im Körper abzubauen. Möchten Sie jedoch erreichen, dass der Hund ruhig weiterläuft, ist es sinnvoller, wenn Sie ihn seine Futterbelohnung im Laufen ruhig aus Ihrer Hand nehmen lassen.

Funktionale Verstärker können ebenfalls als Belohnung eingesetzt werden. Mehr dazu finden Sie im Kasten auf der folgenden Seite.

Eine gute Beobachtungsgabe und ein knackiges Timing

Verhalten wird dann ideal verstärkt, wenn punktgenau markiert wird. Ertönt das Markersignal nur wenige Sekunden zu spät, kann es sein, dass eine ganz andere, vielleicht gar nicht erwünschte Handlung bestätigt wird. Bei der Leinenreaktivität ist das Timing besonders wichtig, wenn es darum geht, ob der Hund gerade zum anderen Hund hin- oder von ihm wegschaut und in welcher emotionalen Verfassung er sich dabei befindet. Dazu später mehr.

Eine gut organisierte Übungssituation

Die gesamte Trainingssituation sollte so gestaltet sein, dass Ihr Hund die ganze Zeit über ansprechbar bleibt und fast keinen Fehler machen kann. Gerade bei Begegnungssituationen wird das Verhalten immer heftiger, je mehr sich der Hund dem Auslöser nähert. Deshalb ist es ganz wichtig, zu Beginn des Trainings eine Entfernung zu wählen, die so groß ist, dass Ihr Hund noch ruhig bleiben kann. Leinenreaktive Hunde zeigen in der Regel bereits aus großer Distanz Konfliktverhalten. Wird die Distanz zu gering, steigert sich dieses Verhalten zum „Pöbeln", was man beim Training unbedingt vermeiden sollte. Es ist nicht sinnvoll, mit zu geringem Abstand zu trainieren, denn der Hund kann nur lernen, wenn seine Emotionen nicht überkochen.

Viele gute Wiederholungen des erwünschten Verhaltens

Je öfter der Hund richtiges Verhalten zeigt, das in welcher Form auch immer positiv verstärkt wird, desto schneller wird dieses Verhalten tief verankert sein. Nutzen Sie Ihre Trainingszeit also gut und streben Sie viele kurze, positiv verlaufende Sequenzen an. Erfolgreiche Wiederholungen mit verstärkender Konsequenz bauen Selbstvertrauen auf und sorgen für gute Stimmung. Bedenken Sie: Auch Rom wurde nicht an einem Tag gebaut.

Futter ist eine einfache Belohnungsmöglichkeit, die sich gut variieren lässt. (Foto: Katrien Lismont)

Funktionale Verstärker

Ein Verstärker ist eine Belohnung für ein Verhalten, die der Hund so gut findet, dass er dieses Verhalten in Zukunft verstärkt anbieten wird. Wenn ein Verstärker im unmittelbaren Zusammenhang mit einer Situation, einem Ereignis oder mit der Umwelt auftritt, dann sprechen wir von einem funktionalen Verstärker. Dieser ist gerade bei der Leinenreaktivität von großer Bedeutung. Hierzu ein Beispiel: Ein Hund bellt im Vorbeigehen einen anderen Hund an. Wenn wir annehmen, dass dieser Hund mit der Nähe des Artgenossen überfordert ist (wegen Angst, Unsicherheit, Schmerzen etc.), so wird das Weiterlaufen als funktionaler Verstärker für das Bellen wirken, weil die Distanz dadurch vergrößert wird, was dem reaktiven Hund Erleichterung verschafft. Wir können diesen funktionalen Verstärker aber auch zu unserem Vorteil einsetzen, indem wir unserem Hund mehr Distanz zum Auslöser anbieten, wenn er ruhig und gelassen bleibt. So belohnen wir dieses erwünschte ruhige Verhalten. Wie Sie sehen, spielen genaues Beobachten und gutes Timing eine wichtige Rolle.

Pausen zum Festigen

Wenn der Hund sich nicht selbst eine Pause nimmt (was beim BAT-Training vorkommt), so sollte der Hundehalter dafür sorgen, dass er Sende- und Sichtpausen erhält. In diesen Pausen festigt sich das zuvor Trainierte und das erwünschte Verhalten wird gestärkt.

Regelmäßige Übungsgelegenheiten für gutes Verhalten

Wer öfter übt und gut verstärkt, wird schneller eine Verhaltensveränderung erzielen. Dies gilt leider auch für das unerwünschte Verhalten. Wird dieses öfter gezeigt, wird es ebenfalls vertieft. Ein guter Grund, Situationen zu vermeiden, die für den Hund (noch) zu belastend sind.

Steter Tropfen …

Betrachten Sie ein Verhalten, etwa eine prompte Umorientierung zum Menschen, als eine Art Bankkonto. Jede erfolgreiche Wiederholung unter optimalen Bedingungen, auf die eine gute Verstärkung folgt, entspricht einer Einzahlung. Jedes Abfragen in schwierigeren Situationen, wo das Verhalten tatsächlich erforderlich ist, lässt sich hingegen mit dem Abheben von Geld vergleichen. Wird das Verhalten unter schwierigen Umständen abgefragt, hebt man mehr Geld ab, als wenn die Umstände neutral sind. Daher spreche ich gern von teurem und von preiswertem Verhalten. Bekanntermaßen können wir nur dann Geld abheben, wenn unser Konto im Plus ist. Wird es leer geräumt, ohne dass Geld nachkommt,

Belohnt man erwünschtes Verhalten wie das prompte Umorientieren zum Menschen häufig in für den Hund leichten Situationen, erhöht das die Wahrscheinlichkeit, dass es später auch unter schwierigen Umständen abrufbar ist. (Foto: Archiv Lismont/Anna Hebestreit)

spuckt der Automat keine Scheine mehr aus. Genauso ist es mit Verhalten: Wenn wir es zu selten verstärken, zu oft für eine laue Verstärkung abfragen oder zu oft unter schwierigen Umständen abverlangen, räumen wir langsam, aber sicher das Konto leer. In der Folge wird das Verhalten schon in neutralen Situationen weniger zuverlässig gezeigt und in schwierigen Situationen, in denen der Hund nur wenig Kapazität zum Denken hat, ist es erst recht schwer abrufbar. Umgekehrt gilt glücklicherweise jedoch: Wenn ein Verhalten häufig geübt wird, eine lange Belohnungsgeschichte hat und oft mit Spaß und Spiel verbunden wird, bleibt das Konto prall gefüllt. Dann lässt sich dieses Verhalten auch in Stresssituationen abfragen. Glauben Sie mir: Verhaltenstraining kann wirklich Spaß machen!

Generalisierung

Wurde ein bestimmtes Verhalten zuverlässig mit einem Signal verknüpft, ist es Zeit für die Generalisierung. Was bisher im Garten oder auf dem Übungsplatz funktioniert hat, soll nun in die weite Welt transferiert werden. Dazu verändert man die Trainingsumstände und variiert und erhöht die Anforderungen und Ablenkungen. Sie erinnern sich an das Beispiel mit dem Autofahren? Besonders wichtig bei der Generalisierung ist es, die Lernschritte klein genug zu wählen. Leider ist im Hundetraining oft das Gegenteil der Fall – mit unerfreulichen Folgen: Werden die Anforderungen zu schnell zu groß, überfordert und frustriert dies den Hund, was wiederum den Menschen entmutigt. Kleine Schritte und häufige Wiederholungen sind hingegen das Geheimrezept für schnelle Erfolge.

Allgemeine Trainingshinweise

Bevor wir uns nun konkret mit dem Training leinenreaktiver Hunde beschäftigen, möchte ich einige wichtige Hinweise auflisten. Beim Verhaltenstraining geht es darum, dem Hund ein neues Verhalten beizubringen, mit dem er für ihn schwierige Situationen in Zukunft besser meistern kann. Dabei gibt es einiges zu beachten:

- Finden Sie die Motivation für das Verhalten. Bleibt das Verhalten trotz des Trainings unverändert bestehen oder wird es sogar schlimmer, ist ein Verstärker im Spiel, den Sie bisher trotz sorgfältiger Überlegungen übersehen oder nicht für relevant gehalten haben.
  In meiner Praxis zeigt sich immer wieder, dass die meisten Hunde sich deshalb an der Leine aggressiv gebärden, weil sie keine Nähe zum anderen Hund zulassen wollen. Ob der Grund dafür Angst, Unsicherheit oder etwas anderes ist, erschließt sich einem nicht unbedingt sofort. Aber im Lauf des Trainings werden mehr und mehr Informationen gesammelt. Bleiben Sie offen für neue Perspektiven und schränken Sie sich nicht durch eine vorgefasste Meinung ein. Verlassen Sie sich auch nicht auf die Einschätzung, dass Sie einen sogenannten „frustrierten" Hund haben, der im Freilauf gut mit anderen Hunden zurechtkommt und sich an der Leine deshalb aggressiv gebärdet, weil er „nur mal Hallo sagen möchte". Wenn man diesen Hunden die Möglichkeit dazu gibt, zeigen sie einem häufig, dass sie ebenfalls lieber mehr Distanz zum Artgenossen herstellen möchten. In solchen Fällen kann täglicher Freilauf mit anderen Hunden eine Überforderung darstellen, auch wenn er in den Augen des Menschen scheinbar problemlos verläuft. Ob hier wider Erwarten doch Probleme bestehen, erkennt man, wenn man sich genauer mit der Hundesprache auseinandersetzt.
- Wenn Sie ein Verhalten nachhaltig ändern wollen, sollten Sie zumindest während der Umerziehungszeit den Alltag so organisieren, dass der Hund nicht ständig – am besten gar nicht – in das unerwünschte Verhalten zurückfällt. Dazu ist meistens die Bereitschaft erforderlich, die täglichen Routinen zu ändern, etwa andere Gassirunden, andere Gassizeiten, allein gehen statt in der Gruppe, andere Beschäftigungsmöglichkeiten und Ähnliches. Bleibt alles, wie es war, wird es schwer bis unmöglich, das Problemverhalten nachhaltig zu ändern.
- Achten Sie auf Ihre Körpersprache. Nehmen Sie eine lockere, keinesfalls statische Haltung ein und passen Sie Ihre Ausrich-

Freilauf mit Artgenossen kann für einen Hund mehr Stress bedeuten, als es dem Menschen bewusst ist. (Foto: Shutterstock.com/Kachalkina Veronika)

tung der des Hundes an. Ihr Körper sollte nie frontal zum Hund ausgerichtet sein oder dem Hund die Sicht versperren. Bei den einzelnen Übungen finden Sie konkrete Hinweise zur jeweils wichtigen Körperhaltung.

- Meistens ist es keine gute Idee, mehrere Trainingsansätze parallel auszuprobieren. Das stiftet beim Hund nur Verwirrung und ist selten effektiv.
- Es ist in der Regel sinnvoll, sich von einem kompetenten Trainer begleiten zu lassen. Häufig kommen Hundehalter zu mir, die sich bis dahin große Mühe gegeben haben, Onlinetraining oder Tipps aus dem Internet oder sozialen Netzwerken umzusetzen. Hundeerziehung, insbesondere Umerziehung, ist jedoch so individuell, dass das selten ausreicht. Der Teufel steckt oft im Detail, und da wird die Beobachtungsgabe eines erfahrenen Trainers benötigt.
- Üben Sie in kleinen Schritten und streben Sie ein gut sitzendes Verhalten an. Die Trainingsschritte bauen aufeinander auf. Möglicherweise gibt es Aspekte, die bei dem einen oder anderen Mensch-Hund-Team schon sehr gut geübt und gefestigt sind. Dann können Sie natürlich gleich zum nächsten Schritt übergehen.

(Foto: Archiv Lismont/Kathi Thiele)

WIE KANN ICH EFFEKTIV TRAINIEREN?

In diesem Kapitel möchte ich Ihnen zeigen, wie Sie das Verhalten Ihres Hundes auf Basis der zuvor beschriebenen Grundlagen erfolgreich ändern können. Ich habe dafür verschiedene Übungen und Trainingsansätze zusammengestellt, die sich in meiner langjährigen Praxis bewährt haben. Ziel ist es, eine Palette unterschiedlicher Verhaltensweisen aufzubauen, die Ihnen und Ihrem Hund helfen werden, zukünftig konstruktiver und entspannter mit Begegnungssituationen umzugehen. Wie Sie beim Lesen feststellen werden, handelt es sich bei einigen der Übungen um echte Basics, die im Alltag immer wieder nützlich sind, unter anderem bei Begegnungssituationen. Dazu gehören beispielsweise die Aufmerksamkeitsübungen. Meiner Meinung nach sollte sie jeder Hund lernen, idealerweise schon im Welpenalter. Andere der vorgestellten Übungen und Trainingsansätze sind hingegen speziell bei Begegnungen mit Artgenossen relevant.

Aufmerksamkeit und Umorientierung

„Aufmerksamkeit ist die Mutter aller Verhaltensweisen“. (Jane Messineo Lindquist (Killion), Zitat übersetzt von der Autorin)

Seitdem ich mit unserem Boxerrüden erleben durfte, wie sensibel und reizbar reaktive Hunde generell – aber vor allem draußen – sind, weiß ich, wie wichtig, aber auch wie einfach das Formen der Aufmerksamkeit auf den Menschen ist. Viele dieser Hunde richten ihre Aufmerksamkeit stark auf die Außenwelt, sodass gezieltes Aufmerksamkeitstraining ein probates Gegenmittel darstellt.

Gern wird von „Bindung“ gesprochen, wenn gemeint ist, dass der Hund sich seinem Menschen gegenüber aufmerksam zeigt. Es gibt zahlreiche abenteuerliche und weit hergeholte Tests und Übungen, die

Aufmerksamkeit auf den Menschen bildet die Basis für erfolgreiches Training. (Foto: Archiv Lismont/Kathi Thiele)

Hundehaltern vorführen sollen, wie schwach die „Bindung" ihres Hundes zu ihnen ist. Was leider viel zu selten gezeigt wird, ist hingegen, wie man die gewünschte „Bindung" aufbauen kann …

Unsere Hunde kommen auf ganz unterschiedlichen Wegen zu uns: Manche ziehen direkt als Welpe bei uns ein, andere werden als Junghunde oder erwachsene Hunde aus den verschiedensten Lebensumständen adoptiert. So oder so ist es entscheidend, dass sie uns erst einmal als vertrauenswürdige Wegbegleiter kennenlernen. Dazu gehört, dass sie vor uns keine Angst haben müssen, dass sie bei uns in Sicherheit sind und viele angenehme, entspannte, aber auch aufregende Momente mit uns teilen dürfen. Wenn diese Voraussetzungen gegeben sind, ist der Grundstein für eine gute Beziehung gelegt. Allein durch das Zusammensein im Alltag kann sich sehr rasch etwas Wunderbares zwischen Hund und Mensch entwickeln.

Diese gute Beziehung genügt draußen jedoch oftmals nicht, um den Hund in unserer Nähe zu halten. Dort gibt es so viel Ablenkung, dass wir gezielt an der Aufmerksamkeit auf den Menschen arbeiten müssen, um zu garantieren, dass unser Hund nicht früher oder später allein mit sich und seiner Umwelt unterwegs ist. Solange diese Aufmerksamkeit draußen nicht gegeben ist, lassen sich andere wichtige Verhaltensweisen wie Umorientierung, ein sicherer Abruf oder das Gehen an lockerer Leine wenn überhaupt nur sehr zäh und schwierig trainieren. Das Aufmerksamkeitstraining hat zum Ziel, dass der Hund beim Spaziergang auf seinen Menschen achtet und auch öfter mal von selbst zu ihm läuft, etwa, um sich eine Belohnung abzuholen. Ein praktischer Effekt ist, dass sich im Lauf des Trainings ein gewisser Radius etabliert, in dem der Hund sich um seinen Menschen aufhält, was den Freilauf entspannter macht.

Ist dieses aufmerksame Verhalten sicher etabliert, kann als Nächstes daran gearbeitet werden, dass der Hund sich auf ein bestimmtes Signal hin zu seinem Menschen umorientiert, mit dem Ziel, dass diese Umorientierung später auch bei großer Ablenkung und in für den Hund stressigen Situationen abrufbar ist.

AUTONOME AUFMERKSAMKEIT ALS STANDARDVERHALTEN FORMEN

Zielverhalten:
Der Hund schaut sich aus freiem Willen, auch im Freilauf, öfter nach seinem Menschen um. Er weiß immer, wo sein Mensch gerade ist.

Zwecke:
- Der Hund bleibt auch auf größerer Distanz ansprechbar.
- Der Hund bewegt sich in einem kleineren Radius, bleibt also von sich aus näher bei seinem Menschen.
- Der Hund bleibt insgesamt fokussierter und kooperativer.
- Eine gute Basis für Übungen wie Umorientierung, Abruf, Gehen an lockerer Leine und Jagdersatztraining wird geschaffen.
- Der Hund hat mehr Freude daran, die Nähe seines Menschen zu suchen.
- Der Hund wird insgesamt ausgeglichener, weil für ihn einfaches Verhalten häufig verstärkt wird.

So geht's:
Aller Anfang ist klein. Damit Sie ein gutes Auge für das richtige Verhalten Ihres Hundes entwickeln, dieses punktgenau mit Ihrem Markersignal einfangen und gut belohnen können, beginnen Sie am besten in einer gesicherten Umgebung, wo wenig Ablenkung besteht. Geeignet sind beispielsweise das Wohnzimmer, der eigene Garten oder eine Wiese, die der Hund gut kennt. Sie setzen oder stellen sich hin, wobei Ihr Hund je nach Umfeld frei oder angeleint sein kann. Ist Letzteres der Fall, sollte er einen Bewegungsradius von 5 bis 10 Metern zur Verfügung haben. Die gewählte Futterbelohnung befindet sich griffbereit in einem Behältnis, aber nicht in Ihrer Hand. Nun gehen Sie wie folgt vor: Markieren Sie jede Kontaktaufnahme, also jedes Mal, wenn der Hund seinen Blick zu Ihnen wendet, punktgenau mit Ihrem Markersignal. Holen Sie nach dem Markersignal ein Leckerchen aus dem Behältnis und halten Sie dieses sichtbar in der Hand bereit, sodass der Hund zu Ihnen kommen muss, um sich seine Belohnung abzuholen. Schicken Sie Ihren Hund anschließend mit einem Freigabesignal wie „Weiter!", „Los!" oder „Lauf!" wieder weg.

Führen Sie diese Übung wiederholt in kurzen Sitzungen und an verschiedenen Orten durch, wobei Sie die Ablenkung langsam steigern. Außerdem empfehle ich, dass Sie bei Ihren täglichen Spaziergängen jeden Blickkontakt markieren.

Aber Achtung! Wenn der Hund bei dieser Übung angeleint ist, sollte er nicht jedes Mal zuerst mit voller Wucht in die Leine laufen, kurz bevor er sich Ihnen zuwendet. Durch Ihr Markersignal würden Sie dann das Laufen an gespannter Leine verstärken. In solchen Fällen rate ich, einen Ort zu wählen, an dem Sie ohne Leine üben können.

Achten Sie außerdem auf eine lockere, dynamische und aufrechte Körperhaltung. Wenden Sie sich zudem ein wenig vom Hund ab. Ich nenne das „die Tür öffnen". Eine frontale Ausrichtung oder ein Vornüberbeugen würde hingegen eher bedrängend wirken, was dazu führen könnte, dass Ihr Hund den Blickkontakt nur gehemmt anbietet oder ganz einstellt.

Mögliche Schwierigkeiten:
Ihr Hund bleibt zwar in der Nähe, dreht den Kopf aber nie ganz zu Ihnen hin.

- Vielleicht schauen Sie ihn zu direkt an. Hunden ist das unangenehm und sie meiden dann oft den Blickkontakt. Lockern Sie Ihre Haltung und schauen Sie aus den Augenwinkeln.
- Das Umfeld bietet zu viel Ablenkung, etwa in Form von Sichtreizen, Lärm, Gerüchen. Trainieren Sie an einem Ort, den Ihr Hund gut kennt und an dem er sich sicher fühlt.

Ihr Hund hat einige Male geschaut und sich auch seine Belohnung abgeholt, verliert dann aber das Interesse am Aufmerksamkeitsspiel und beschäftigt sich intensiver mit seiner Umwelt.

- Vielleicht stimmt die Qualität der Belohnung nicht. Bieten Sie hochwertigere Leckerchen an. Nimmt er auch diese nicht, könnte die Ablenkung zu groß sein. Wechseln Sie das Umfeld. Stellen Sie außerdem sicher, dass Ihr Hund keine Verdauungs- oder Appetitprobleme hat.
- Achten Sie darauf, das Futter immer unmittelbar nach dem Markersignal anzubieten. Das Zielverhalten ist „Schau in meine Richtung". Verlangen Sie also nur das Anschauen und nicht im Anschluss noch eine Übung wie „Sitz".
- Überlegen Sie, ob die Atmosphäre stimmt. Vielleicht sind Sie zu angespannt. Versuchen Sie, es lockerer anzugehen.

Ihr Hund schaut und reagiert auch auf das Markersignal, aber er holt sich das Futter nicht ab.

- Die Ablenkung könnte zu groß sein. Verlegen Sie das Training in eine ruhigere Umgebung.
- Überprüfen Sie Ihre Körperhaltung und Ihren Gesichtsausdruck. Es könnte sein, dass Sie bedrohlich wirken. Bei sehr ängstlichen Hunden (Tierschutzhunden) kann es helfen, das Leckerchen zunächst zum Hund hinzuwerfen. Sie können es dann nach und nach immer näher bei sich auf den Boden fallen lassen, wenn der Hund mehr Vertrauen zu Ihnen gefasst hat.
- Überprüfen Sie, ob Ihre Belohnung hochwertig genug ist.

Wenn Sie diese Übung während des Freilaufs machen, bleibt Ihr Hund zwar gelegentlich stehen, aber er schaut sich nicht zu Ihnen um.

- Vielleicht sind Sie selbst abgelenkt durch ein Telefonat oder ein Gespräch mit einem Gassibegleiter. Oder Sie sprechen im Alltag grundsätzlich viel mit Ihrem Hund. Versuchen Sie, bei dieser Übung ganz bewusst leise zu sein. Wenn Ihr Hund Sie ständig hört, wird er keine Notwendigkeit sehen, sich nach Ihnen umzuschauen. Er weiß auch so, wo Sie sind.
- Überprüfen Sie Ihre Körpersprache. Vielleicht wirken Sie unbewusst abweisend oder gar bedrohlich?

Während dieser Übung im Freilauf schaut der Hund gar nicht oder nur ganz kurz und läuft dann trotz Markersignal weiter, wobei er sich in großer Entfernung befindet (mehr als 30 Meter).

- Ist Ihr Markersignal stark genug oder haben Sie zu oft markiert, ohne dass eine Belohnung folgte? Pflegen Sie Ihr Markersignal!
- Die Umgebung bietet zu viel Ablenkung.
- Bleiben Sie regelmäßig stehen, und zwar auf der Distanz, die Sie sich als Maximalentfernung wünschen. Hier warten Sie, bis Ihr Hund sich umschaut.
- Vielleicht haben Sie zu oft dann markiert, wenn Ihr Hund schon ziemlich weit weg war, und zudem ist für ihn das Zurücklaufen über die weite Strecke nicht lohnend genug. Bleiben Sie doch mal früher stehen, etwa schon in 10 Metern Entfernung, und warten Sie, bis Ihr Hund sich zu Ihnen umschaut. So erleichtern Sie ihm das Zurücklaufen.

Wichtig!
Wenn Sie diese Übung konsequent und mit wirklich guten Belohnungen durchführen, werden Sie bald feststellen, dass Ihr Hund näher bei Ihnen bleibt und sich sehr häufig umschaut. Auch wenn Sie dann an den Punkt gelangen, dass es Ihnen etwas lästig ist, so häufig für eine Kleinigkeit zu belohnen, empfehle ich Ihnen, dennoch einige weitere Tage durchzuhalten. Erst dann reduzieren Sie langsam die Anzahl der Markersignale und Belohnungen. Ignorieren sollten Sie dieses aufmerksame Verhalten nie. Sprechen Sie, auch wenn Sie nicht markieren, zumindest ein nettes Lob aus und schicken Sie Ihren Hund weiter. Aufmerksamkeit ist etwas, das in zwei Richtungen funktioniert.

UMORIENTIERUNG AUF SIGNAL

Zielverhalten:
Der Hund schaut sich auf ein Signal hin, auch im Freilauf, sofort nach seinem Menschen um.

Zwecke:
- Das Anstarren eines Auslösers und jegliches andere Verhalten können bei Bedarf augenblicklich unterbrochen werden.
- Nach der Umorientierung sollten Sie Ihrem Hund durch ein weiteres Signal sagen, was er nun genau tun soll.

So geht's:
Auch hier sollten Sie wieder klein anfangen und zunächst in reizarmer Umgebung üben. Überlegen Sie sich ein knackiges und eindeutiges Signal, am besten einen Laut wie ein Schnalzen, ein Kussgeräusch oder einen Pfiff, der im Alltag nicht vorkommt. Ich empfehle, hierfür keine Pfeife zu benutzen, weil sich diese besser als Abrufsignal auf große Distanz eignet. Ein Wort oder gar der Name des Hundes ist ebenfalls nicht so gut geeignet. Gerade der Name wird zu oft einfach so verwendet, ohne dass ein wichtiger Verstärker darauf folgt. Das ist normal und menschlich, aber es führt dazu, dass der Name als Signal schnell seine Wirkung verlieren würde. Ein gut geübter, einzigartiger und immer gleicher

Das Umorientierungssignal wird zunächst geübt, wenn sich der Hund nah bei seinem Menschen befindet. (Foto: Archiv Lismont/Kathi Thiele)

Laut eignet sich viel besser, um den Blick des Hundes auch bei großer Ablenkung auf seinen Menschen zu lenken. Und nur wenn dieser Umorientierungslaut zuverlässig ein promptes Drehen des Kopfes in Ihre Richtung auslöst, können Sie ihn zum Unterbrechen eines Verhaltens nutzen. Genau das brauchen Sie bei einem leinenreaktiven Hund. Mit dem Umorientierungssignal können Sie nämlich erreichen, dass Ihr Hund seinen Blick von einem anderen Hund abwendet, und so das Risiko reduzieren, dass der andere Hund selbst auf das Angestarrtwerden reagiert.

Für das Training sollte sich der Hund in Ihrer Nähe befinden und gegebenenfalls angeleint sein, damit sein Radius etwas eingeschränkt ist. Im ersten Schritt verknüpfen Sie nun das Umorientierungssignal mit einer Belohnung, indem Sie den ausgewählten Laut machen und Ihrem Hund direkt anschließend ein Leckerchen geben. Das wiederholen Sie fünf- bis zehnmal, bis Sie merken, dass Ihr Hund sofort die Ohren spitzt, wenn er das Umorientierungssignal hört. Bevor Sie nun weitermachen, testen Sie, ob Ihr Hund reagiert, indem Sie das Signal geben, während er gerade woanders hinschaut. Dreht er den Kopf sofort in Ihre Richtung, hat er das Signal mit der positiven Konsequenz verknüpft.

Nun üben Sie weiter in der Nähe Ihres Hundes. Geben Sie jetzt das Signal immer dann, wenn er gerade nicht zu Ihnen schaut, markieren Sie promptes Kopfdrehen und belohnen Sie es direkt aus Ihrer Hand. Ich empfehle, beim Üben etwas hinter dem Hund zu stehen, damit das Muskelgedächtnis zum Kopfdrehen trainiert wird. Um zu erreichen, dass Ihr Hund seinen Kopf noch schneller dreht, können Sie zur Belohnung auch Futterbröckchen hinter sich werfen oder mal ein kleines Hetzspiel machen.

Denken Sie auch bei dieser Übung wieder an eine lockere, aufrechte Haltung und machen Sie im Idealfall einen schnellen Schritt nach hinten oder drehen Sie den Körper seitlich weg, um den Hund zu sich einzuladen.

Wichtig!
Wie bei der autonomen Aufmerksamkeit sollten Sie auch hier das Umorientierungssignal möglichst nicht dann geben, wenn der Hund kurz zuvor in die Leine gesprungen ist. Das würde zu einer unerwünschten Verkettung von „in die Leine springen und erst dann zum Menschen umorientieren" führen, womit sich Ausraster bei Hundebegegnungen noch verstärken könnten.

Falls Ihr Hund nicht direkt reagiert, widerstehen Sie der Versuchung, das Signal sofort (oder gar mehrmals) zu wiederholen. Warten Sie lieber einen Moment ab und markieren Sie die verspätete Reaktion. Kommen solche Situationen häufiger vor oder reagiert Ihr Hund gar nicht, sollten Sie reizärmer oder mit einem besseren Verstärker trainieren.

Ist der Hund gerade vollkommen in seine Umwelt abgetaucht und schnüffelt ganz intensiv an einer Stelle, geben Sie ihm zunächst eine Pause. Dann laufen Sie einige Schritte weiter und beginnen die Übung noch einmal von vorn.

Mögliche Schwierigkeiten:
Ihr Hund reagiert gar nicht auf das Umorientierungssignal.

- Es ist eventuell nicht stark genug mit einer guten Konsequenz gepaart. Sie sollten es noch mal „aufladen" und dabei auf eine wirklich hochwertige Belohnung achten.
- Der Übungsort bietet zu viel Ablenkung.
- Der Hund braucht eine Pause.

Ihr Hund reagiert nach einigen erfolgreichen Wiederholungen nicht mehr auf das Umorientierungssignal.

- Womöglich war der Verstärker nicht interessant genug.
- Der Hund braucht wahrscheinlich eine Pause. Versuchen Sie es nach 5 bis 10 Minuten erneut.
- Der Hund ist zu abgelenkt – das Signal sitzt noch nicht tief genug. Trainieren Sie wieder in reizärmerer Umgebung.

Ihr Hund hat am Vortag sehr gut auf das Umorientierungssignal reagiert, am heutigen Tag kommt aber überhaupt keine Reaktion mehr.

- Möglicherweise hat jemand anders das Signal benutzt und nicht verstärkt? Sprechen Sie sich mit den anderen Bezugspersonen genau ab, wie dieses Signal belohnt werden soll.
- Variieren Sie die Belohnungsart. Geben Sie anderes Futter, verabreichen Sie es

anders (zum Beispiel werfen statt aus der Hand füttern) oder belohnen Sie zur Abwechslung mal mit einem Spielzeug.
- Eventuell ist die Übungssituation zu belastend oder das Erregungsniveau Ihres Hundes ist zu hoch. Machen Sie eine Pause.

Ihr Hund entfernt sich nun immer so weit weg, dass er das Signal nicht mehr gut wahrnehmen kann.

- Das Signal soll nicht den Abruf ersetzen. In der Regel benutzen wir es nur, wenn wir uns in der Nähe des Hundes befinden. Passen Sie die Trainingssituation an.
- Haben Sie das Signal nur gegeben, wenn der Hund schon weit weg war? Dann entfernt er sich möglicherweise bewusst so weit, in der Hoffnung, das Umorientierungssignal zu hören und eine Belohnung zu erhalten. Achten Sie zukünftig darauf, dieses Signal aus unterschiedlichen Distanzen zu üben, vor allem aus der Nähe.
- Vielleicht ist die Erregung zu hoch. Machen Sie eine Pause und verlangen Sie gegebenenfalls für den Rest des Spaziergangs nur das Nötigste von Ihrem Hund.

Wichtig!

Ich kann gar nicht genug betonen, wie wertvoll dieses Signal ist und wie sorgfältig man damit umgehen sollte. In brenzligen Momenten, etwa, wenn ein anderer Hund auftaucht, ist es womöglich die Rettung, weil Sie damit die Aufmerksamkeit Ihres Hundes sofort auf sich lenken können. Sie sollten die Ausführung also immer markieren und hochwertig belohnen. Überlegen Sie sich außerdem genau, wann Sie das Signal abfragen, damit es nicht zu schnell abgenutzt wird.

HANDTARGET

Zielverhalten:

Der Hund schaut seinen Menschen an, kommt her und berührt mit der Nase die angebotene Hand. Er lernt auch, ihr zu folgen.

Zwecke:

- Der Hund kann augenblicklich umorientiert werden, sowohl körperlich als auch mental – er wendet sich zum Menschen und hat eine Aufgabe.
- Das Anstarren eines Auslösers lässt sich unterbrechen.
- Der Hund kommt in die unmittelbare Nähe seines Menschen.
- Der Hund kann leicht von A nach B gelotst werden.
- Das Bei-Fuß-Gehen kann gezielt unterstützt werden.

So geht's:

Zum Aufbau dieses Verhaltens stellen Sie sich am besten erst mal vor Ihren Hund. Nun strecken Sie ziemlich genau auf Kopfhöhe des Hundes entweder die linke Hand nach links oder die rechte Hand nach rechts aus (nicht nach vorn zur Nase des Hundes hin). Der Hund wird sicher neugierig an der ausgestreckten Hand schnüffeln wollen und berührt sie dabei mit seiner Nase. Diese Berührung markieren Sie punktgenau und verstärken sie so nahe wie möglich an der Hand, auch wenn sie bei den ersten Wiederholungen eher zufällig wirkt. Alternativ legen Sie das Belohnungsleckerchen in die zuvor angestupste Hand. Wiederholen Sie diese Übung des Öfteren in kurzen, von Pausen unterbrochenen Sequenzen. Sorgen Sie für eine lockere Stimmung. Sobald Ihr Hund die Hand jedes Mal berührt, wenn sie ausgestreckt wird, können Sie das Verhalten unter Signal setzen. Hierzu sagen Sie erst Ihr gewähltes Wort (zum Beispiel „Touch" oder „Stups") und bieten anschließend die Hand an. Nach dem Anstupsen wird wie zuvor markiert und belohnt.

Wenn Sie erreichen möchten, dass der Hund schneller auf das Signal reagiert, können Sie beim Ausstrecken Ihrer Hand einen kleinen Schritt nach hinten machen, sodass er „eingeladen" wird, schneller zu Ihnen und Ihrer Hand zu kommen.

Bauen Sie dieses Signal gründlich aus, es kann in schwierigen Situationen sehr wertvoll sein. Generalisieren Sie mit folgenden Varianten: Halten Sie die Hand höher, sodass Ihr Hund hochspringen muss, oder so tief, dass er sich hinlegen muss. Lassen Sie den Hund Ihrer Hand folgen, auch wenn er gleichzeitig über etwas drüberlaufen muss. Wenn das Handtarget schon gut sitzt, können Sie es auch mit einer Umorientierung verbinden. Stellen Sie sich hinter den Hund, während er interessiert irgendwo anders hinschaut, und fordern Sie ihn dann mit Ihrem Signal auf, sich umzudrehen und die Hand anzustupsen.

Machen Sie ein Spiel aus dieser Übung! Spaß ist der Hauptgrund, warum dieses Signal bei den meisten Hunden Anklang findet und schnell gut funktioniert.

Das Anstupsen der Hand ist für viele Hunde ein tolles Spiel mit zahlreichen positiven Effekten. (Foto: Katrien Lismont)

Mögliche Schwierigkeiten:
Ihr Hund schaut von der Hand weg und scheint sie zu meiden.

- Überprüfen Sie Höhe und Nähe der Hand, vermeiden Sie eine Bewegung zum Hund hin.
- Variieren Sie die Form der Hand. Manche Hunde haben Schwierigkeiten mit offenen Handflächen. Bieten Sie Ihrem Hund alternativ zwei Finger oder die Faust an.
- Reiben Sie die Hand mit etwas Wurst ein.
- Nehmen Sie die Hand kurz hinter den Rücken und bieten Sie sie erneut an.
- Vielleicht fühlt Ihr Hund sich bedrängt. Legen Sie eine Pause ein und atmen Sie sich locker.

Länger andauernder Blickkontakt ist für Hunde kein natürliches Verhalten und muss gezielt geübt werden. (Foto: Katrien Lismont)

Wichtig!
Für jede Art der Umorientierung gilt: Je öfter der Hund üben kann, dass er sich auf ein Signal hin seinem Menschen zuwendet, auch wenn das eine 180-Grad-Drehung bedeutet, desto tiefer sitzt diese Bewegung in seinem Muskelgedächtnis und umso leichter fällt sie ihm auch dann, wenn sein Körper angespannt ist.

BLICKKONTAKT HALTEN

Blickkontakt ist normalerweise etwas, was Hunde nicht von sich aus anbieten oder sogar aktiv vermeiden. Hat ein Hund nicht gelernt, Blickkontakt aufzunehmen, kann es passieren, dass er bei einer Umorientierung eher auf den Boden, auf die Hand oder auf den Futterbeutel schaut statt auf seinen Menschen. Ich finde es daher wichtig zu üben, dass der Hund tatsächlich den Kopf hebt und seinen Menschen anschaut.

Zielverhalten:
Der Hund blickt hoch und stellt Blickkontakt zu seinem Menschen her, den er auch länger halten kann.

Zwecke:
- Umorientierung
- Konzentration auf den Menschen
- Ruhiges, länger anhaltendes Verhalten zeigen
- Alternativverhalten zum Anstarren eines Auslösers

So geht's:
Für diese Übung ist es günstig, wenn der Hund vor Ihnen sitzt oder steht und die Einheit nicht selbstständig abbrechen kann, indem er sich entfernt. Sichern Sie ihn, falls erforderlich, mit der Leine ab. Bei kleinen Hunden sollten Sie sich zunächst hinsetzen oder in die Hocke gehen und sich nach und nach aufrichten. Achten Sie wie bei allen neuen Verhaltensweisen darauf, anfangs mit möglichst wenig Ablenkung zu üben.

Nehmen Sie ein Leckerchen in eine Hand und schließen Sie diese zur Faust. Ihr Hund soll wissen, dass sich ein Leckerchen darin befindet, aber er kommt nicht heran. Nun strecken Sie den Arm mit der geschlossenen Faust seitlich von sich weg. Ihr Hund wird möglicherweise zunächst diese Hand fixieren, aber irgendwann auch einen Blickkontakt anbieten. Genau diesen Moment markieren Sie und belohnen Ihren Hund mit dem Leckerchen aus der Hand. Falls es zu einer Blockade kommt und Ihr Hund keinen Blickkontakt anbietet, sondern sich stattdessen abwartend hinsetzt und weiter die geschlossene Hand anschaut, können Sie ihm helfen. Pusten Sie leise, räuspern Sie sich oder schnalzen Sie. Sehr wahrscheinlich wird Ihr Hund jetzt zu Ihnen hochschauen. Das können Sie wie zuvor beschrieben markieren und belohnen.

Sobald Ihr Hund von sich aus Blickkontakt anbietet, wenn Sie ihm die geschlossene Faust mit Leckerchen darin zeigen, können Sie das Verhalten unter Signal setzen. Dazu sagen Sie zunächst das neue Signal (zum Beispiel „Ich", „Schau", „Look") und strecken dann die Faust mit dem Leckerchen aus. Ihr Hund wird jetzt wie gewohnt zu Ihnen hochschauen und Sie können diesen Blickkontakt markieren und belohnen. Wiederholen Sie diesen Ablauf einige Male, damit er das Signal gut verknüpft. Anschließend schleichen Sie nach und nach die ausgestreckte Faust aus, bis der Hund den Blickkontakt herstellt, wenn er nur das verbale Signal hört.

Klappt auch das zuverlässig, steigern Sie die Dauer des Blickkontakts sekundenweise. Ziel ist, dass Ihr Hund den Blickkontakt mit Ihnen über längere Zeit halten kann. Vergessen Sie dabei nicht, variabel zu belohnen. Das Markersignal sollte also nicht immer nach der gleichen Anzahl von Sekunden erfolgen.

Wichtig!
Fragen Sie den Blickkontakt aus unterschiedlichen Positionen ab, um flexibel zu bleiben. Würden Sie das Signal beispielsweise immer nur geben, wenn Ihr Hund gerade sitzt, könnte es sein, dass er genau diese Position damit verknüpft und das Signal in anderen Positionen nicht funktioniert.

Mögliche Schwierigkeiten:
Ihr Hund scheint den Blickkontakt aktiv zu meiden.

- Überprüfen Sie Ihre Körperhaltung. Achten Sie auf eine lockere Haltung und einen „weichen" Blick. Beugen Sie sich nicht vornüber und starren Sie Ihren Hund nicht an.
- Helfen Sie anfangs mit Pusten oder Räuspern nach, aber schleichen Sie diese Hilfe baldmöglichst wieder aus.
- Vielleicht fällt es Ihrem Hund leichter, wenn er zunächst direkt vor Ihnen sitzt.
- Probieren Sie es mit einer hochwertigeren Belohnung.

ÜBUNGEN ZUR FESTIGUNG DER AUFMERKSAMKEIT UND UMORIENTIERUNG

Hier folgen einige Ideen, wie Sie den Spaziergang oder die gemeinsame Zeit mit Ihrem Hund mit spannenden Übungen anreichern können, die das aufmerksame Verhalten ständig vertiefen. Solche Intermezzos machen Ihre Gassirunden kurzweiliger und haben zudem einen echten Mehrwert. Darüber hinaus sind die Übungen eine gute mentale Beschäftigung. Wichtig ist dabei, dass Ihr

Hund Freude an diesen Übungen hat und dies durch bereitwillige Kooperation und freudige Erwartung zeigt. Bauen Sie die Übungen daher in kleinen Schritten auf und wiederholen Sie sie nicht zu oft. Ihr Hund sollte zwischendurch ausgiebig „Hund sein" können, also schnüffeln und seine Umwelt erkunden dürfen. Sobald Sie merken, dass Ihr Hund während der Übung das Interesse verliert, langsamer wird, sich mit seinem Spielzeug entfernt oder beginnt, es zu zerkauen, ist die Spannung weg. Würden Sie jetzt auf die Fortführung der Übung bestehen, würden Sie nur das Gegenteil erreichen. Wie bei allem Training gilt auch hier: Am besten aufhören, wenn es gerade gut läuft. Das Ende der Einheit sollten Sie mit einem Signal wie „Genug", „Fertig" oder „Pause" ankündigen.

Folge mir!

Mit dieser Übung können Sie die autonome Aufmerksamkeit vertiefen. Der Ablauf ist wie folgt:

Ihr Hund steht vor Ihnen und schaut Sie an. Nun lassen Sie ein Bröckchen Futter auf den Boden fallen. Während Ihr Hund es aufnimmt, laufen Sie schnell fünf bis sechs Schritte rückwärts. Wenn Ihr Hund nun folgt und Kontakt aufnimmt, markieren Sie das und lassen die nächste Futterbelohnung auf den Boden fallen. Dies wiederholen Sie mehrmals. Am besten machen Sie das in einem Dreieck, sodass der Hund das Terrain schnell kennt und nicht immer wieder von neuen Gerüchen abgelenkt wird.

Neben dieser Basisversion gibt es noch weitere Varianten. Zum einen können Sie nach hinten laufen und Ihr Umorientierungssignal geben. Schaut Ihr Hund Sie jetzt an, markieren und belohnen Sie mit einem Leckerchen auf dem Boden. Auch das geht dann weiter im Dreieck. Zum anderen können Sie dieses Spiel mit dem Handtarget machen, also so: Leckerchen auf den Boden, einige Schritte rückwärts, Handtarget abfragen, markieren, mit Leckerchen auf dem Boden belohnen und so weiter.

Hol's dir!

Bei dieser Übung werden Spannung und freudige Erwartung erzeugt. Sie vertieft außerdem die Impulskontrolle, weil der Hund lernt, auch bei Ablenkung so lange sitzen zu bleiben, bis eine Freigabe kommt. Dieses Warten auf das Freigabezeichen kann in anderen Alltagssituationen sehr nützlich sein und wird auf diese Weise gut gefestigt. Und nicht zuletzt ist Ihnen bei der gesamten Übung die volle Aufmerksamkeit Ihres Hundes sicher.

Für die Basisübung lassen Sie Ihren Hund sitzen und entfernen sich mit einem Spielzeug oder Leckerchen, das Sie einige Schritte weiter auf den Boden legen. Dann kommen Sie zurück zu Ihrem Hund, warten auf einen Blickkontakt, markieren diesen und schicken den Hund zur Belohnung mit einem Freigabesignal los (Sie belohnen nicht zusätzlich aus der Futtertasche), damit er sein Spielzeug oder Leckerchen holen kann.

Klappt diese Übung, können Sie sie variieren. Lassen Sie Ihren Hund erst loslaufen, nachdem er Ihre Hand angestupst hat. Halten Sie die Hand dazu mal weiter oben, mal ganz unten, mal zwischen Ihre Beine und mal links und mal rechts. Sie können das Spielzeug oder Futter auch weiter weglegen oder es wegwer-

Beim Warten auf das Freigabesignal wird die Impulskontrolle trainiert. (Foto: Archiv Lismont/Kathi Thiele)

fen. Der Hund soll trotzdem sitzen bleiben und darf es erst nach Blickkontakt und Freigabe holen. Oder verstecken Sie das Spielzeug/Leckerchen doch mal und lassen Sie Ihren Hund nach der Freigabe suchen. Denken Sie sich ruhig noch weitere Varianten aus. Ihrer Fantasie sind hier keine Grenzen gesetzt.

Wird diese Übung mit dem Spielzeug ausgeführt, lernt man als Hundehalter, wie man dieses alternativ zum Futter als Verstärker einsetzen kann. Durch das Suchen und Holen wird das Spielzeug für den Hund sehr spannend. Wenn diese Art Spiel zu den Lieblingsbeschäftigungen des Hundes gehört und man sie klug als Belohnung einsetzt, wird sie auf das entsprechende Verhalten wie ein Turbo-Booster wirken.

„Spring im Dreieck!"

Bei der Dreiecksübung werden ebenfalls Spannung und freudige Erwartung aufgebaut sowie das Sitzenbleiben und Warten auf Freigabe trainiert, was die Impulskontrolle verbessert. Außerdem lassen sich mit dieser Übung das Abrufen und die Orientierung am Menschen vertiefen.

Für die Basisversion fordern Sie Ihren Hund wieder zum Sitzen und Bleiben auf, gehen dann drei bis fünf Schritte weg und legen als Beute ein Leckerchen oder ein beliebtes Spielzeug aus. Anschließend gehen Sie zu einem dritten Punkt, sodass Sie, Ihr Hund und die Beute jeweils die Spitzen eines Dreiecks bilden. Nun rufen Sie Ihren Hund zu sich. Bei Ihnen angekommen, soll er Ihre Hand anstupsen. Das markieren Sie und zur Belohnung schicken Sie ihn zu seiner Beute.

Die Schwierigkeiten bei dieser Übung liegen darin, dass Ihr Hund sitzen bleiben muss, obwohl die Beute schon liegt und Sie sich zu einem dritten Punkt bewegen, und dass Ihr Hund anschließend erst zu Ihnen kommen und etwas tun soll, bevor er zu seiner Belohnung darf. Wichtig ist, dass Ihr Hund keinen Erfolg hat, wenn er sich seine Beute direkt holen will. Anfangs organisieren Sie also am besten eine Hilfsperson, die den Fuß auf das Leckerchen stellt oder das Spielzeug wegnimmt, bevor der Hund es sich unaufgefordert schnappen kann.

Klappt die Basis-Dreiecksübung zuverlässig, können Sie sie variieren. Werden Sie kreativ, es gibt unendlich viele Möglichkeiten. Hier sind einige Anregungen:

- Ihr Hund darf erst nach einem Vorsitzen zur Beute.
- Ihr Hund darf erst nach einem Vorsitzen mit Blickkontakt oder nach einem Handtarget zu seiner Beute laufen.
- Die Abstände zwischen den Dreiecksspitzen werden größer.
- Sie verstecken die Beute und der Hund darf sie suchen, nachdem er bei Ihnen war.
- Sie stehen sehr dicht bei der Beute (die Verlockung ist also groß).
- Sie legen die Beute zwischen dem Hund und sich selbst aus. Das ist dann kein Dreieck mehr, sondern nur eine Linie. Ihr Hund soll zuerst an seiner Beute vorbeilaufen und zu Ihnen kommen, dann schicken Sie ihn zurück zur Beute.

Achten Sie darauf, den Schwierigkeitsgrad erst dann zu erhöhen, wenn die vorherige Stufe mehrmals fehlerlos geklappt hat. Und auch bei dieser Übung gilt, dass Sie spätestens pausieren sollten, wenn Ihr Hund träger oder unkonzentrierter wird, am besten aber vorher, solange alles noch richtig gut klappt. Dieses Spiel verbraucht reichlich Gehirnschmalz und Impulskontrolle. Sollten Sie anschließend schwierige Begegnungen erwarten oder anspruchsvolles Training geplant haben, beschränken Sie sich auf wenige Wiederholungen oder heben Sie es sich für einen anderen Zeitpunkt auf.

Leckerchen zählen

Bei dieser Übung werden die Impulskontrolle, die Selbstbeherrschung beim Warten auf Futter, das Sitzenbleiben oder Ruhigbleiben trotz angespannter Erwartung sowie die Umorientierung vertieft. Es ist ein eher einfaches Spiel, das hibbeligen Hunden allerdings dennoch einiges abverlangt.

Ist das Spiel etabliert, kann es Ihnen und Ihrem Hund nach Aufregung die Möglichkeit zum Beruhigen und Durchatmen verschaffen. Außerdem können Sie es an emotional negativ belegten Orten spielen, um diese ein wenig zu „verschönern".

Die Basisversion geht so: Ihr Hund sitzt, liegt oder steht vor Ihnen. Sie holen mit einer Hand insgesamt fünf Leckerchen einzeln und nacheinander aus der Futtertasche und legen sie auf die offene andere Hand, wobei Sie laut mitzählen. Am besten benutzen Sie hierfür helle weiche Leckerchen (Käsewürfel, Schinkenwürfel, Wursträdchen). Während das Futter Bröckchen für

Bröckchen aus der Tasche auf die Hand wandert, sollte Ihr Hund in seiner Position bleiben. Schafft er dies ohne Zeichen von Ungeduld, markieren Sie das geduldige Warten und werfen als Belohnung das erste der fünf Leckerchen weg. Ihr Hund darf hinterherspringen (Sie können dazu sofort Ihr Freigabesignal geben) und das Leckerchen fressen. Sehr wahrscheinlich wird er danach in Erwartung der anderen Leckerchen auf Ihrer Hand zu Ihnen schauen. Diese Umorientierung markieren Sie und werfen als Belohnung das zweite Leckerchen in eine andere Richtung weg. Werfen Sie immer so, dass Ihr Hund an Ihnen vorbeilaufen muss, um zum nächsten Leckerchen zu gelangen. Hat er das Leckerchen gefunden und schaut erneut in Ihre Richtung, markieren Sie wieder und werfen das dritte Leckerchen. So machen Sie weiter, bis Sie alle fünf Leckerchen einzeln als Belohnung geworfen haben und Ihr Hund dabei auch fünfmal eine Umorientierung angeboten hat.

Als Variante können Sie Ihr Umorientierungssignal geben, wenn Ihr Hund das Leckerchen gerade gefressen hat. So vertiefen Sie dieses Signal. Oder Sie nennen seinen Namen, um die Wahrscheinlichkeit zu erhöhen, dass er sich auch auf diesen hin umorientiert. Außerdem bietet es sich an, das Futter weiter weg oder ins hohe Gras zu werfen. Dann muss Ihr Hund sich mehr bewegen und seine Nase einsetzen, um das Futter zu finden. Nach und nach können Sie die Zahl der Leckerchen auf bis zu zehn erhöhen, und wenn Sie den Schwierigkeitsgrad noch weiter steigern wollen, können Sie langsamer zählen. Das Vorgehen an sich bleibt gleich. Sicher fallen Ihnen noch weitere Varianten ein. Vergessen Sie aber bei all dem nie, in kleinen Schritten vorzugehen, und versuchen Sie nicht, zu schnell zu viel zu erreichen.

Bei diesem einfachen Spiel wird das geduldige Abwarten trainiert. (Foto: Archiv Lismont/Kathi Thiele)

Wissen rund um die Leinenführigkeit

Warum ist es so wichtig, dass Hunde lernen, an lockerer Leine zu laufen? Es gibt gleich mehrere Gründe, denn das Ziehen an der Leine kann viel Kummer bereiten, sowohl für den Körper (an beiden Enden der Leine) als auch für die Nerven. Je nach Muskelaus-

Das Laufen an locker durchhängender Leine ist eine wichtige Basisübung, die jeder Hund beherrschen sollte. (Foto: Archiv Lismont/Kathi Thiele)

stattung Ihres Hundes und je nach Wetterlage (denken Sie an regennassen, rutschigen Untergrund) kann es für Sie selbst gefährlich werden, wenn Ihr Hund nicht gelernt hat, an lockerer Leine zu laufen. Auch dem Hundekörper tut es nicht gut, sich ständig in einer angespannten Zughaltung fortzubewegen. Darüber hinaus ist in der Praxis immer wieder zu beobachten, dass Hunde, die an einer gespannten Leine hängen, so gut wie nicht ansprechbar sind. Sie befinden sich sozusagen in der Schwebe, weil sie sich vorrangig mit ihrem eigenen Gleichgewicht beschäftigen müssen. Und nicht zuletzt spielt es auch bei Hundebegegnungen eine Rolle, ob Ihr Hund in normal aufrechter Position und im Gleichgewicht oder in „tiefergelegter" Zughaltung daherkommt. Führen Sie sich einmal vor Augen, wie es aussieht, wenn ein ziehender Hund mit tiefer Körperhaltung und angespannten Muskeln auf einen Artgenossen zuläuft. Sicher können Sie nun leichter verstehen, warum es diesem anderen Hund schwerfällt, gelassen zu bleiben. Eine solche Körperhaltung wirkt ebenso wie das bereits erwähnte Anstarren sehr bedrohlich; die Annäherung ist zu direkt. Daher lege ich großen Wert darauf, zuerst die Leinenführigkeit zu trainieren, bevor mit dem Begegnungstraining begonnen wird. Im Begeg-

Fallbeispiel Emma

Emma, ein stattlicher Mix aus American Bulldog und Husky, kam mit fünfeinhalb Jahren wegen Leinenreaktivität zu mir. Sie hatte schon einiges an (meistens nicht netten) Hundeschulen und Trainingstechniken hinter sich. Dennoch hatte bisher niemand etwas daran ändern können, dass sie sich durchaus auch mehrmals pro Minute wie ein Bulldozer in die Leine warf. Sie hatte ihrem Frauchen damit schon einige gesundheitliche Probleme verursacht. Generell war sie unterwegs hoch erregt. Sie reagierte auf andere Hunde bereits heftig, wenn diese in sehr großer Entfernung auftauchten. Die schwierigste, aber zugleich wichtigste Aufgabe war, Emma leinenführig zu machen. Das war die Voraussetzung für das geplante BAT-Training. Emmas Frauchen hat das Leinentraining konsequent durchgezogen. Am Anfang stand die autonome Umorientierung, anschließend wurde das „Einchecken" bei Frauchen geformt. Kein Schritt wurde mehr mit Zug gemacht und durch die „Leise Leine"-Übung wurde das Zusammenspiel harmonischer und geschmeidiger. Für Notsituationen haben wir die Balanceleine zur Hilfe genommen. Nach knapp vier Wochen war es so weit: Wir probierten das erste BAT-Training, bei dem ich Emma selbst führte. Es war nicht einfach, genauer gesagt war es sogar alles andere als ideal. Wir mussten die Distanz groß halten (nicht unter 40 Metern), weil Emma durch die Erregung im Begegnungstraining wieder an der Leine zog und außerdem den anderen Hund oft noch zu lange fixierte. Wir ließen uns nicht entmutigen und das Leinentraining wurde für eine weitere Woche vertieft. Beim anschließenden erneuten BAT-Training übernahm Emmas Frauchen die Leine. Den großen Abstand behielten wir bei und diesmal blieb die Leine locker. Emma konnte sich schnell beruhigen. Sie starrte viel seltener zum anderen Hund hin, sie zog nicht mehr und wählte bewusst ihre eigene Sicherheitsdistanz. Sie fing an, sich selbst zu regulieren, indem sie weiche Körpersprache einsetzte, etwa eine deeskalierende Ausrichtung des Körpers, weiche Bewegungen und beschwichtigendes Erkundungsverhalten. Das Eis war gebrochen, ab nun ging es aufwärts.

Leinenhandling

Achten Sie immer darauf, dass die Leine zwar locker in einem leichten Bogen durchhängt, aber nie auf dem Boden schleift. Gerade bei impulsiven und schnellen Hunden ist das ungünstig, denn eine schleifende Leine verfängt sich allzu oft zwischen den Hundebeinen, was beim Weiterlaufen zu schmerzhaften Quetschungen und Verbrennungen führen kann. Auch für uns Menschen ist es nicht ungefährlich, wenn wir uns selbst in der Leine verheddern.

nungs- training selbst sollten wir uns voll und ganz auf das eigentliche Thema konzentrieren können und uns nicht mehr mit der Leinenführigkeit beschäftigen müssen.

Es ist gar nicht so leicht, Hunden das Gehen an lockerer Leine beizubringen. Ich hatte ja bereits die funktionalen Verstärker erwähnt; beim Ziehen an der Leine haben wir es mit einem Paradebeispiel zu tun: Wenn der Hund an der Leine zieht und damit immer wieder auch nur ein winziges Stückchen weiterkommt, dann wird das Ziehen ständig verstärkt. Das ist der wichtigste Grund, warum das Leinenführigkeitstraining in vielen Fällen so mühsam und frustrierend ist. Durch Unachtsamkeit oder Ungeduld wird das Ziehen im Alltag nahezu permanent verstärkt, indem der Hundehalter mit seinem ziehenden Hund mitläuft.

Bevor ich Ihnen nun einen Weg zeige, wie Sie die Leinenführigkeit erarbeiten können, möchte ich noch darauf hinweisen, dass viele Hunde ziehen, weil sie mit einem hohen Erregungslevel leben und dadurch leicht reizbar sind. Deshalb ist es so wichtig, dass Sie sich bereits mit all den vorbereitenden Themen und Übungen in diesem Buch auseinandergesetzt haben. Wenn Sie sicher sind, dass Ihr Hund gesund ist, sich wohlfühlt und außerdem seine Impulskontrolle, Aufmerksamkeit und Orientierung zu Ihnen gefestigt sind, können Sie sich der Leinenführigkeit widmen.

Das Grundprinzip ist, dass der Hund sensibel auf Zug an seinem Geschirr reagiert. Spürt er Zug, kommt er nicht weiter. Sobald er selbst etwas an der Situation verändert und keinen Zug mehr spürt, geht es wieder voran. Da wir mit positiven Mitteln trainieren wollen, ist es wichtig, dass der Hund für richtiges Verhalten, also das Gehen an lockerer Leine, belohnt wird. Selbstverständlich machen wir ihm die Übung anfangs so leicht wie möglich und wählen die äußeren Umstände so, dass es keinen Grund zum Ziehen gibt. Genauso wichtig wie das Verstärken des richtigen Verhaltens ist es jedoch, bei Zug auf der Leine stehen zu bleiben. Diese Maßnahme sollte allerdings nie als einziges Mittel eingesetzt werden, denn es handelt sich um eine negative Strafe, bei der dem Hund etwas vorenthalten wird, was er tun möchte. Erhält der Hund darüber hinaus keine positive Rückmeldung, wenn er etwas gut macht, kommt es schnell zu Frustration – an beiden Enden der Leine.

Im Folgenden habe ich einige Übungen zusammengestellt, die es Ihnen ermöglichen, mit Ihrem Hund erfolgreich und mit Freude das Gehen an lockerer Leine zu trainieren. Dazu gehören nicht nur das Stehenbleiben und Weitergehen, sondern es gibt auch einige weitere Übungen, die zusätzlich hilfreich sein können oder mit denen sich das Erlernte festigen lässt. Führen Sie alle beschriebenen Übungen am besten mit immer der gleichen Leinenlänge durch. Ich empfehle, eine einfache 2,5 bis 3 Meter lange Leine mit Handschlaufe zu verwenden.

SANFTES STOPPEN

Damit Ihr Hund das Gehen an lockerer Leine lernen kann, darf das Ziehen während des Trainings in keiner Weise verstärkt werden. Alles Üben hilft nichts, wenn Ihr Hund mit Zug auf der Leine noch einige Schritte – schon einer wäre zu viel – weiterkommt. Daher sollten Sie zuerst das wirksame sofortige Anhalten üben. Ich beschreibe hier das sanfte Stoppen. Es entstammt der Tellington-TTouch®-Methode und ermöglicht es Ihnen, Ihren Hund deutlich, aber dennoch sanft auszubremsen. Ich erwähnte bereits, dass ein Hund, der angespannt in der Leine „hängt", nicht gut ansprechbar ist. Das wollen wir beim Training vermeiden, weshalb wir bei dieser Art des Stoppens den Prozess des Anhaltens erst dann beenden, wenn der Hund sich wieder im Gleichgewicht befindet. Sie werden staunen, wie schnell und leicht sich Ihr Hund nach einem sanften Stopp umorientieren lässt, wenn er nicht schon von allein auf die Idee kommt.

Ziel:
Sobald Zug auf der Leine entsteht, wird der Hund sanft, aber definitiv zum Stillstand gebracht. So kommt er aus der Zugposition heraus und findet sein Gleichgewicht wieder.

Zwecke:
- Das Ziehen an der Leine wird nicht weiter verstärkt.
- Der Hund wird wieder ansprechbar.

So geht's:
Bei dieser Übung kommt es darauf an, dass Sie die Leine richtig halten. Greifen Sie sie mit beiden Händen direkt vor Ihrem Körper, wobei Sie die Ellbogen an den Körper drücken. Kommt Zug auf die Leine, lassen Sie weder die Arme länger werden noch beugen Sie sich nach vorn. Stattdessen machen Sie einen kleinen Ausfallschritt vorwärts, der hintere Fuß bleibt aber am Boden stehen, sodass Sie Ihr Gleichgewicht halten. Dabei wiegen Sie sanft einige Zentimeter in den Zug hinein, kommen dann aber aus dem Zug und Ihrem Ausfallschritt wieder über Ihre Mitte nach hinten (nicht vergessen: die Arme geben bei all dem nicht nach). Durch diese Bewegung üben Sie einen leichten, sanften Zug mit der Leine aus, der den Hund aus seiner „Hängeposition" herausholt und wieder aufrichtet. Sobald Ihr Hund im Gleichgewicht steht, lassen Sie die Leine langsam (nicht ruckartig) locker durchhängen.

All diese Schritte dauern nur Bruchteile von Sekunden. Es ist günstig, wenn Sie den Ablauf zuvor mit einem menschlichen Partner üben. Dabei sollten Sie auch mal die Rolle des Hundes übernehmen, um selbst zu erfahren, wie sich das sanfte Stoppen anfühlt.

Achten Sie darauf, was direkt nach dem Lockerlassen der Leine passiert. In vielen Fällen wird sich Ihr Hund sofort zu Ihnen umorientieren oder zumindest gut ansprechbar sein. Klappt das nicht, sondern er zieht sofort wieder nach vorn, ist die Ablenkung in der Trainingssituation zu groß oder Ihr Hund ist insgesamt zu erregt. Legen Sie eine Atempause ein. Sie können Ihren Hund auch etwas Futter am Boden suchen lassen, damit er sich beruhigt. Gibt es einen bestimmten Auslöser für die Aufregung, etwa einen anderen Hund, vergrößern Sie die Distanz zu diesem.

Wenn Sie den sanften Stopp konsequent durchführen, wird Ihr Hund schnell merken, dass Ziehen ihm keinen Erfolg bringt. Er kommt nicht vorwärts. Schon bald wird er von allein weniger in die Leine springen. Wie bereits gesagt ist das aber nur ein Teil des Trainings. Die nächste Übung sollten Sie unbedingt parallel dazu in Angriff nehmen.

Wichtig!
Achten Sie auf eine aufrechte Körper- und lockere Beinhaltung. Machen Sie den Ausfallschritt nicht zu groß, denn dadurch würde Ihr Oberkörper zu weit nach vorn kommen und Sie können Ihr Gleichgewicht verlieren. Sie müssen über Ihrer eigenen Mitte bleiben. Entspannen Sie Schultern und Arme, sobald die Leine wieder locker ist.

GEHEN AN LOCKERER LEINE

Diese Übung wird mit dem sanften Stoppen kombiniert. So lernt Ihr Hund, dass er nur an lockerer Leine weiterkommt.

Zielverhalten:
Ihr Hund kommt nach dem sanften Stopp aus der Zugposition heraus, die Leine wird wieder locker. Er korrigiert dann von selbst seine Position, indem er auf Ihre Höhe zurückkommt, und hält zunehmend selbstständig den durch die Leine vorgegebenen Radius ein, wobei kein Zug auf der Leine entsteht.

Zwecke:
- Aufbau des Laufens an lockerer Leine
- Umorientierung

So geht's:
Diese Übung besteht aus zwei Stufen. Auf der ersten Stufe lernt der Hund zunächst, wieder auf Höhe seines Menschen zu kommen, nachdem er ausgebremst wurde. Dazu geben Sie nach dem sanften Stoppen Ihr Umorientierungssignal. Sobald Ihr Hund sich umdreht, drehen Sie Ihren Körper seitlich weg, damit Sie ihm nicht frontal gegenüberstehen. Ihr Hund kommt nun sehr wahrscheinlich zu Ihnen zurück und Sie markieren, dass er die Position neben Ihnen einnimmt. Die anschließende Belohnung bekommt er genau auf Höhe Ihres Beins. Anschließend geben Sie ein Freigabesignal für das Weitergehen. Achten Sie darauf, nun flott vorwärtszugehen, weil ein zu langsames Tempo Ihrem Hund die Übung zu sehr erschweren würde.

Um zu prüfen, ob der Hund diese Stufe beherrscht, warten Sie kurz mit dem Umorientierungssignal. Wenn Ihr Hund Sie nun von allein anschaut und sich neben Ihnen positioniert, gehen Sie zur zweiten Stufe über. Klappt es noch nicht, sollten Sie vielleicht an einem ruhigeren Ort üben.

Ablenkungen wie entgegenkommende Personen sollten Sie erst einbauen, wenn die Übung in einfachen Situationen schon sicher klappt. (Foto: Archiv Lismont/Kathi Thiele)

In der zweiten Stufe geht es darum, das Futter als Belohnung für das Zurückkommen auszuschleichen, damit es nicht zu der unerwünschten Verkettung „Ziehen – Stehenbleiben – Umorientieren – Zurücklaufen – Futter holen – wieder Ziehen" kommt. Es kann sein, dass sich diese Verkettung auf der ersten Stufe schon etabliert hat. Dann arbeiten wir jetzt daran, sie wieder abzubauen.

Nach dem Stoppen warten Sie jetzt also auf eine eigenständige Umorientierung. Erfolgt diese, drehen Sie sich wieder zur Seite und Ihr Hund sollte nun ohne Umorientierungssignal zu Ihnen zurückkommen. Wenn er bei Ihnen ist, warten Sie auf einen Blickkontakt. (Erfolgt dieser nicht, helfen Sie mit Ihrem Umorientierungssignal nach.) Schaut Ihr Hund Sie jetzt an, geben Sie augenblicklich Ihr Freigabesignal und laufen zügig weiter. Den Blickkontakt markieren Sie nicht. Die Belohnung ist bei dieser Übung die Freigabe zum Weiterlaufen. Kommt diese schnell genug, wirkt sie als Verstärker für die ganze Handlungskette: Umorientierung, Zurückkommen und Blickkontakt.

Wenn Sie diese Trainingsweise konsequent umsetzen und den Hund immer dann belohnen, wenn er sich auf Ihrer Höhe befindet, bekommt er ein ziemlich gutes Bild davon, wo er laufen soll. Es ist nicht Ziel dieser Übung, dass Ihr Hund permanent auf Höhe Ihres Beines bleibt. Er darf sich so weit nach vorn, hinten und zur

Seite bewegen, wie das bei locker durchhängender Leine möglich ist. Die Verstärkung erfolgt auf Beinhöhe des Menschen, weil das genau die Mitte dieses imaginären Kreises ist.

Wichtig!
Üben Sie erst einmal kurze Strecken an einem ruhigen, ablenkungsarmen Ort. Vergessen Sie nicht das sanfte Stoppen, sobald Zug auf die Leine kommt.

LEISE LEINE

Diese Übung basiert auf der „Silky Leash"-Übung von Grisha Stewart. Ich habe sie leicht abgewandelt, indem ich hier gänzlich auf Zug oder Impulse an der Leine verzichte. Führen Sie auch diese Übung erst einmal in kurzen Sequenzen in einem reizarmen Umfeld durch. Sie schult neben der Leinenführigkeit generell aufmerksames Verhalten, was sie sehr anspruchsvoll macht. Voraussetzung für diese Übung ist, dass das Aufmerksamkeitstraining schon gut gefruchtet hat.

Zielverhalten:
Der Hund läuft an lockerer Leine mit uns mit, wo auch immer wir hinlaufen. Er behält die Gehrichtung seines Menschen im Auge.

Zwecke:

- Der Hund wird für die Bewegungen des Karabiners am Geschirr sensibilisiert.
- Er lernt, die Bewegungen seines Menschen wahrzunehmen und ihm zu folgen.
- Er lernt, ohne Zug auf der Leine voranzukommen.

So geht's:
Sie halten die Leine so, dass sie leicht durchhängt und kein Zug besteht. Nun warten Sie, bis Ihr Hund Sie anschaut. Dann laufen Sie los, und zwar von Ihrem Hund weg, jedoch nicht so schnell oder so weit, dass die Leine auf Spannung kommt. Sie wenden zunächst nur Ihren Körper ab. Ihr Hund registriert dies (eventuell aus dem Augenwinkel), nimmt Kontakt zu Ihnen auf und macht womöglich den ersten Schritt in diese Richtung. Sie markieren das erste Wahrnehmen Ihrer Bewegung und/oder den ersten Schritt und geben die Belohnung im Weiterlaufen auf Höhe Ihres Beins direkt ins Maul des Hundes, sodass er ein Stück neben Ihnen mitläuft. Nach einigen Schritten wechseln Sie die Richtung und warten erneut darauf, dass Ihr Hund es wahrnimmt. Sobald er sich für die neue Richtung interessiert, markieren Sie dies und geben die Belohnung im Weiterlaufen neben sich. So bewegen Sie sich einige Minuten lang (achten Sie auf kurze Übungseinheiten) kreuz und quer über ablenkungsarmes Gelände.

Diese Übung hat es in sich. Hier lernt der Hund, dass es immer weitergeht, solange die Leine locker durchhängt. Das Belohnen auf Höhe Ihres Beines hilft ihm zu verstehen, wo er laufen soll. Außerdem wird hierbei trainiert, dass der Hund ständig auf seinen Menschen achtet. Langsam, aber sicher werden Sie immer weniger warten müssen, bis Ihr Hund sich umorientiert und mit Ihnen mitläuft. Sie müssen dazu die Leine nie auf Spannung bringen.

Auch für das spätere Begegnungstraining ist diese Übung sehr hilfreich, weil der Hund lernt, Bewegungen Ihres Körpers aus dem

Augenwinkel wahrzunehmen und darauf ohne verbales Signal mit einer Umorientierung zu reagieren.

Wichtig!
Falls Sie das Gefühl haben, dass Ihr Hund Sie gar nicht wahrnehmen kann, weil er sehr abgelenkt ist, viel in die Ferne schaut oder viel herumschnüffelt, sollten Sie die Übungsumstände anpassen. Womöglich sind zu viele Reize oder Stressfaktoren (möglicherweise Schmerzen) vorhanden, die es zu reduzieren gilt. Ziel ist, dass Ihr Hund lernt, sich ohne verbale Signale Ihrerseits an Ihnen zu orientieren und selbstwirksam mitzulaufen.

GEHEN MIT DER BALANCELEINE

Wenn Ihnen die Zeit oder die Geduld ausgeht und Sie irgendwohin kommen wollen, ohne das Ziehen zu verstärken, empfehle ich die Balanceleine aus der Tellington-TTouch®-Methode. Dieses Drei-Punkt-Führsystem entstand zu einer Zeit, in der Geschirre nahezu unbekannt waren. Es sollte das Ungleichgewicht und die Körperspannung, die beim Ziehen am Halsband entstehen, vermeiden. Auch heute noch setze ich die Balanceleine gern und häufig als Trainingsmittel ein. Sie hat sich vor allem in Situationen bewährt, in denen der Hund sehr aufgeregt ist und sich mit nichts beruhigen lässt, oder wenn man schnell und sicher von A nach B kommen will, ohne das eigentliche Leinenführigkeitstraining zu beeinträchtigen. Mit der Balanceleine lassen sich auch große, starke und sehr impulsive Hunde sicher halten.

Mit der Balanceleine lassen sich auch große und impulsive Hunde sanft und sicher führen. (Foto: Katrien Lismont)

Zielverhalten:
Der Hund läuft aufrecht und im Gleichgewicht neben seinem Menschen.

Zwecke:

- Für ein flottes und sicheres Vorankommen in beengten Situationen (zum Beispiel in der Tierarztpraxis, Hotellobby, in anderen engen Räumen)
- Wenn einem beim Leinenführigkeitstraining die Geduld oder die Zeit ausgeht
- Wenn der Hund aufgrund hoher Erregung kaum ansprechbar und schwer kontrollierbar ist
- Als Erziehungshilfe und Unterstützung für das ruhige Bei-Fuß-Gehen

So geht's:
Ich erläutere das richtige Anlegen und Handling der Balanceleine am Beispiel eines links neben dem Menschen stehenden Hundes. Natürlich klappt es auch spiegelverkehrt. Zuerst haken Sie die Leine mit dem Karabiner am Rückensteg des Geschirrs ein. Das andere Ende der Leine nehmen Sie in die rechte Hand. Nun greifen Sie mit der linken Hand die Leine zwischen dem Karabiner am Geschirr und der rechten Hand, sodass sich zwischen Ihren beiden Händen ein Stück Leine befindet. Dieses Stück Leine legen Sie vor die Brust des Hundes. Das ist die eigentliche Balanceleine. Damit der Hund sich nicht rückwärts aus der Leine befreien kann, führen Sie das Ende, das Sie in der rechten Hand halten, von links nach rechts unter den vertikalen Bruststeg des Geschirrs durch. Sie haben jetzt drei Kontaktpunkte: einen in der Mitte (Karabiner am Geschirr) und jeweils einen in jeder Hand. Mit den Händen führen Sie den Hund nun weich und sanft wie mit zwei Zügeln. Dabei sollte weder auf dem Karabiner noch auf beiden Enden in den Händen Zug entstehen. Um Ihren Hund anzuhalten, ziehen Sie beide Enden nicht nach hinten, sondern leicht nach oben. So bringen Sie den Hund ins Gleichgewicht und aus der Zughaltung.

Wichtig!
Auch bei der Balanceleine sollte der Hund nur dann weiterkommen, wenn kein Zug auf der Leine ist.

Sie werden feststellen, dass sich der Hund durch die taktilen Einflüsse vor der Brust und durch die Drei-Punkt-Führung der Leine sehr schnell an Ihren Rhythmus und Ihr Gehtempo anpassen kann, wenn Sie nicht allzu langsam unterwegs sind. Außerdem sollten Sie darauf achten, ihn immer so zu führen, dass sich seine Schultern senkrecht über seinen Vorderpfoten befinden.

Achten Sie auf Ihre eigene Haltung: Oberkörper und Schultern bleiben aufrecht, die Hände werden so tief und locker wie möglich gehalten. Dazu sollte die Länge der Leine angepasst werden, sodass Sie zwar „Fühlung" mit dem Hund haben, aber kein Zug entsteht. Die Leine sollte auch nicht vor der Brust des Hundes schlackern.

ÜBUNGEN ZUR FESTIGUNG DER LEINENFÜHRIGKEIT

Slalomlaufen
Das Slalomlaufen zwischen Pylonen erfordert ein harmonisches Miteinander. Hierbei wird besonders das Abbiegen in verschiedene Richtungen geübt. Wichtig ist, darauf zu achten, dass der Hund genug Platz hat und nicht abgedrängt wird. Selbstverständlich sollte er an lockerer Leine laufen. Stellen Sie einen Slalom aus mindestens sechs Pylonen im Abstand von ca. 1,5 Metern auf. Machen Sie große Bögen zwischen den Pylonen, damit der Hund genügend Platz hat, neben Ihnen mitzulaufen. Nach jedem Abbiegen, das abwechselnd nach rechts und nach links erfolgt, markieren Sie das Mitkommen und belohnen es im Laufen (wie bei der Übung „Leise Leine"). Manche Hunde zögern, wenn sie sich den Pylonen nähern. Das ist normal. Geben Sie Ihrem Hund Zeit, markieren Sie jeden Schritt in die richtige Richtung und

Wenn es mit der lockeren Leine noch nicht so gut klappt, kann man das Slalomlaufen auch mit der Balanceleine üben. (Foto: Katrien Lismont)

geben Sie die Belohnung jeweils neben Ihrem Bein. Sie können auch die Abstände zwischen den Slalommarkierungen vergrößern.

Auf zum Futternapf

Bei dieser Übung lernt Ihr Hund, trotz größerer Ablenkung an lockerer Leine zu laufen. Die Belohnung befindet sich direkt am Ende der Strecke. Denken Sie wieder daran, die Anforderungen bei dieser Übung langsam zu steigern. Das heißt, dass Sie zunächst keine allzu hochwertigen Leckerchen verwenden und nur eine kurze Strecke gehen. Im Lauf der Zeit können die Leckerchen besser und die Strecke länger werden. Alternativ können Sie auch mal das Lieblingsspielzeug Ihres Hundes zum Ziel machen.

Sie stellen nun also einen Napf mit Leckerchen auf eine Erhöhung (Tisch, Mauer, Bank). Ihr Hund sollte wissen, was sich im Napf befindet. Fürs Erste entfernen Sie sich mit Ihrem Hund etwa 10 Meter weit. Nun warten Sie darauf, dass Ihr Hund Sie anschaut, oder fragen seine Aufmerksamkeit mit einem Umorientierungssignal ab. Sobald er Blickkontakt aufnimmt, starten Sie und laufen so lange weiter, wie die Leine locker bleibt. Spüren Sie Zug auf der Leine, bleiben Sie stehen und warten, bis Ihr Hund die Leine lockert. Es geht erst wieder voran, wenn Ihr Hund zu Ihnen zurückgekommen ist und sich auf Ihrer Höhe befindet. Bleiben Sie beharrlich: Auch der letzte Meter wird an lockerer Leine zurückgelegt. Schafft Ihr Hund das nicht, können Sie anfangs mit Ihrem Umorientierungssignal helfen. Nach einer Kontaktaufnahme darf der Hund den Napf leer fressen.

Hilfreiche Verhaltensweisen für Begegnungssituationen

Nun sind wir beim Schlüsselmoment für leinenreaktive Hunde angelangt, der Begegnung mit Artgenossen. Mit den im Folgenden beschriebenen Übungen lernt Ihr Hund bestimmte Verhaltensweisen, die er zeigen kann, wenn ein anderer Hund auftaucht. Sie spielen beim eigentlichen Begegnungstraining eine wichtige Rolle.

Schon mit Welpen kann man Click für Blick bei verschiedensten Auslösern trainieren.
(Foto: Katrien Lismont)

CLICK FÜR BLICK

Hierbei soll der Hund lernen, sich nach dem Wahrnehmen eines Auslösers sofort seinem Menschen zuzuwenden. Dadurch wird der Blickkontakt zum Auslöser unterbrochen, was sehr von Vorteil ist, wenn es sich dabei um einen Artgenossen handelt. So lässt sich nämlich vermeiden, dass die Hunde sich anstarren und dadurch beim jeweils anderen eine Reaktion auslösen. Selbstverständlich wird das aus einer Distanz geübt, wo der Hund noch keine große Erregung zeigt, damit ihm die Übung leichtfällt.

Das Verhalten ist sehr vielseitig einsetzbar. Sie können es an verschiedensten Auslösern trainieren und später auch anwenden, etwa an Pferde- oder Schafskoppeln, bei Joggern, vorbeifahrenden Autos, Rad-fahrern etc.

Zielverhalten:
Der Hund nimmt einen Auslöser wahr und dreht den Kopf in die Richtung seines Menschen.

Zwecke:
- Das Hinschauen zum Auslöser kann vom Hund selbstständig unterbrochen werden.
- Durch die Umorientierung zum Menschen ist der Hund aufnahmebereit und kann sofort eine andere Aufgabe bekommen.
- Ist der Auslöser ein anderer Hund, bewirkt die Umorientierung, dass dieser sich nicht angestarrt fühlt und selbst keinen Grund hat, zu reagieren.

- Auch bei plötzlichen Begegnungen ist der Hund in der Lage, sich schnell an seinen Menschen zu wenden.
- Im späteren BAT-Training brauchen wir diese Fähigkeit, falls wir intervenieren müssen, um zu verhindern, dass sich der Hund in ein eskalierendes Verhalten hineinsteigert.

So geht's:
Sie benötigen einen Auslöser für reaktives Verhalten und wählen eine Distanz zu diesem, die so groß ist, dass Ihr Hund nicht erregt reagiert. Nun stellen Sie sich ein Stück hinter Ihren Hund (mindestens 0,5, besser 1 Meter Abstand). Sobald Ihr Hund zum Auslöser hinschaut und dabei gelassen bleibt, markieren Sie und reichen die Belohnung hinten, sodass Ihr Hund sich vom Auslöser abwenden muss. Dieses Vorgehen wiederholen Sie einige Male, bis der Hund das Hinschauen selbst unterbricht und Sie in Erwartung des Markersignals anschaut. Dieses selbstständige Umschauen markieren Sie. Funktioniert das sicher, können Sie die Distanz zum Auslöser etwas verkleinern. Achten Sie darauf, Ihrem Hund durch Drehen Ihres Körpers zur Seite „die Tür zu öffnen", wenn er Sie anschaut.

Mögliche Schwierigkeiten:
Der Hund blickt nicht sofort in Ihre Richtung. Das kann daran liegen, dass …

- Ihr Markersignal nicht stark genug ist.
- Sie zu nahe am Auslöser sind.
- Sie zu spät markiert haben.
- Ihr Verstärker nicht stark genug ist.
- der Hund grundsätzlich keine Umorientierung gelernt hat. Vertiefen Sie die Übungen zu Aufmerksamkeit und Umorientierung.

Der Hund dreht den Kopf nach dem Sichten eines Auslösers nur sehr langsam.

- Machen Sie nach dem Markersignal sofort einen Schritt nach hinten. So erleichtern Sie Ihrem Hund die Umorientierung.
- Prüfen Sie, ob Ihre Belohnung hochwertig genug ist.
- Vielleicht ist die Distanz zu gering. Vergrößern Sie sie.
- Prüfen Sie, ob es dem Hund grundsätzlich leichtfällt, Blickkontakt mit Ihnen aufzunehmen, wenn Sie hinter ihm stehen. Falls nicht, sollten Sie zuerst daran arbeiten.

Wichtig!
Das richtige Timing für das Markersignal ist bei dieser Übung von besonderer Bedeutung. In der Phase, in der Sie das Anschauen des Auslösers markieren, sollten Sie möglichst genau den Moment erwischen, in dem Ihr Hund den Auslöser gerade erst wahrnimmt. Würden Sie ständig etwas zu spät markieren, könnte es sein, dass Ihr Hund sich schon festgestarrt hat oder seine Erregung insgesamt gestiegen ist, was eine angespannte Haltung zur Folge hätte. Es wäre ungünstig, das mit dem Markersignal zu verfestigen.

Wählen Sie die Entfernung unbedingt immer so groß, dass Ihr Hund tatsächlich in der Lage ist, den Kopf abzuwenden, und reichen Sie die Belohnung unbedingt nach hinten, um die Kopfdrehung zu unterstützen. Achten Sie außerdem auf eine dynamische und einladende Körperhaltung.

Versuchen Sie, bei dieser Übung kein Umorientierungssignal zu geben. Ihr Hund soll lernen, sich selbstständig vom Auslöser abzuwenden.

DIE GEORDNETE FLUCHT

Wenn der Auslöser viel zu schnell zu nahe kommt, kein Ausweichen möglich ist und Sie das Gefühl haben, dass die Begegnung bei Ihrem Hund zu einem Ausraster führen wird, können Sie auf ein Signal hin mit Ihrem Hund aus der Situation entfliehen. Es lässt sich leicht und schnell trainieren.

Zielverhalten:
Auf ein bestimmtes Signal hin dreht Ihr Hund sich schnell um und läuft mit Ihnen in die andere Richtung, ohne dass er sich am Auslöser feststarrt oder sich anderweitig gegen das Mitkommen sperrt.

Zweck:
Begegnungen können vermieden oder unterbrochen werden, ohne dass Sie Ihren Hund wegzerren müssen.

So geht's:
Überlegen Sie sich ein Signal für diese 180-Grad-Drehung, etwa „Let's Go!", „Auf geht's!", „Komm mit!", „Weg hier!" oder „Schnell!". Halten Sie gute Belohnungshap-

Beim Not-Sitz bleibt die Hand am Halssteg des Geschirrs und der Hund hält idealerweise Blickkontakt zu seinem Menschen. (Foto: Archiv Lismont/Kathi Thiele)

pen parat. Laufen Sie mit Ihrem Hund in einer reizfreien Umgebung eine gerade Strecke, sagen Sie dann plötzlich Ihr Signal, halten Sie an, drehen Sie sich um 180 Grad und warten Sie, bis Ihr Hund dies bemerkt und den Kopf in Ihre Richtung dreht. Diesen Moment markieren Sie und gehen augenblicklich in die entgegengesetzte Richtung weg. Dabei belohnen Sie den Hund in der Bewegung neben sich oder werfen das Futterstückchen in die neue Richtung von sich weg. Sie können zudem Ihre Schritte beschleunigen oder sogar in den Laufschritt fallen, damit das Weglaufen für Ihren Hund besonders spannend wird. Diesen Ablauf wiederholen Sie, bis der Hund sofort und ohne zu zögern mit Ihnen gemeinsam abdreht, sobald er das Signal hört. Achten Sie darauf, dass der Hund immer an Ihrer Außenseite mitdreht. Der gleichbleibende Ablauf stellt sicher, dass Sie wissen, wo Ihr Hund ist, damit Sie nicht in einem angespannten Moment über ihn stolpern. Wenn die Übung gut klappt, steigern Sie den Schwierigkeitsgrad und trainieren in verschiedenen Situationen und mit unterschiedlich starken Reizen. Sie können zum Beispiel vor einem Ihrem Hund bekannten Menschen umdrehen, vor einem Teller Futter oder vor dem Lieblingsspielzeug Ihres Hundes. Seien Sie kreativ!

Wichtig!

Machen Sie ein lustiges Spiel aus dieser Übung und belohnen Sie mit Schwung und viel Spaß in die Richtung, in die Sie mit Ihrem Hund weglaufen wollen. Nach und nach wird er nach der Ankündigung des Signals reflexartig mit Ihnen abdrehen. Genau das ist es, was Sie für eine geordnete Flucht brauchen.

NOT-SITZ

Manchmal wird es für Ihren Hund – trotz guter Fortschritte im Training – noch zu schwierig sein, Begegnungen auf engem Raum ruhig oder zumindest kontrolliert zu bewältigen. Das ist vor allem dann der Fall, wenn ein Auslöser plötzlich auftaucht oder wenn man weder Platz zum Ausweichen noch einen Rückweg für die geordnete Flucht hat. Leider gibt es das im Alltag. Besonders wenn Ihr Hund groß und stark ist, kann die Situation heikel werden. Für solche Fälle habe ich das Not-Sitz entwickelt, das allerdings nur als letzter Ausweg und nicht als Alltagsinstrument benutzt werden sollte. Wenn Sie es zu oft einsetzen müssen, läuft etwas nicht richtig und es ist ratsam, Ihr Management, Ihre Trainingsfortschritte und die Handhabung von Begegnungen noch einmal kritisch zu überprüfen.

Die Voraussetzung für den Aufbau ist, dass Ihr Hund sich parallel neben Ihnen hinsetzen kann. Kann er das nicht, sollten Sie dies zuerst üben.

Zielverhalten:

Der Hund bekommt ein verbales Signal und ein Handsignal, woraufhin er sich bedingungslos und ohne Zögern neben seinen Menschen setzt. In dieser Position verharrt er, solange er die Hand am Seitensteg des Geschirrs (also seitlich am Hals) spürt.

Fallbeispiel:

Aaron ist ein großer, starker American Akita. Er ist nicht reaktiv an der Leine, hat gute Nerven und viel Selbstbeherrschung. Dennoch ist er ein Hund, der trotz seiner Größe eine enorme Geschwindigkeit entwickeln kann. Sein Frauchen hat mit ihm das Not-Sitz geübt, gerade für Begegnungen, wo keine Ausweichmöglichkeiten bestehen. So fühlt sich Aarons Frauchen auch bei Nahbegegnungen sicher und kann ihren Hund angemessen kontrollieren, denn wenn sie ihre Finger unter dem Seitensteg hat, weiß sie zu jeder Zeit, wo Aaron gerade seinen Kopf hindreht.

Zwecke:

- Sie können mit dem Not-Sitz sicherstellen, dass Ihr Hund einen passierenden Artgenossen nicht behelligt. Das klappt natürlich auch bei Passanten, vorbeifahrenden Autos oder Radfahrern. Es ist ein sicheres Alternativverhalten für Situationen, in denen der Weg schmal ist und keine Ausweichmöglichkeiten oder Möglichkeiten zur Flucht bietet.
- Das Not-Sitz kann auch als Abbruchsignal genutzt werden, wenn der Hund schon heftig nach vorn in die Leine gesprungen ist. In diesem Fall hangeln Sie sich an der Leine entlang bis zum Hund und verlangen genau dort das Not-Sitz. So vermeiden Sie, den Hund nach hinten wegzuziehen, was das reaktive Verhalten aufgrund der Distanzvergrößerung zum Auslöser leider oft verstärkt.

So geht's:

Überlegen Sie sich ein neues Signal. Es sollte am besten etwas Einfaches sein, das Ihnen in einer brenzligen Situation leicht über die Lippen geht. Ich sage „Setz dich!". Nun geben Sie dieses neue verbale Signal und greifen gleichzeitig sanft und locker, zum Beispiel mit zwei Fingern, unter den Seitensteg des Geschirrs (an der Ihnen zugewandten Halsseite). Sagen Sie anfangs als zusätzliche Hilfe das bekannte Signal für Sitz. Sobald Ihr Hund neben Ihnen sitzt, während Ihre Hand sich weiter am Geschirr befindet, markieren Sie dies. Die Belohnung erfolgt jetzt so, dass Ihr Hund das Verhalten von vornherein als etwas Dauerhaftes versteht. Ihre Hand bleibt am Geschirr und Sie geben nacheinander mindestens fünf Futterstückchen direkt ins Maul. Wenn Ihr Hund dabei sicher sitzen geblieben ist, lösen Sie zunächst das Sitzen mit einem verbalen Signal auf, entfernen dann Ihre Hand vom Geschirr und geben Ihrem Hund die Möglichkeit, zu laufen, zu springen, zu spielen oder etwas anderes Erleichterndes zu tun. Die Belohnung darf ruhig länger dauern und mit viel Bewegung verbunden sein. Diesen Ablauf wiederholen Sie mehrmals. Dann können Sie ein bisschen abwarten, bevor Sie Ihr normales Sitz-Signal geben, um auszuprobieren, ob Ihr Hund das neue Not-Sitz-Signal schon verstanden hat. Belohnen Sie immer mit mindestens fünf Leckerchen, geben Sie aber nicht jedes Mal gleich viele, sondern variieren Sie. Nach und nach sollten Sie die Wartezeit zwischen den einzelnen Leckerchen vergrößern, sodass Ihr Hund immer länger sitzen bleibt. Halten Sie dem Hund auch nicht eine Handvoll Leckerchen unter die Nase, sondern holen Sie jedes Leckerchen einzeln aus der Tasche und reichen Sie es ihm. Das führt dazu, dass Ihr Hund Sie zwischen den Leckerchengaben erwartungsvoll anschaut. Genau das wollen wir erreichen, denn so hält er Blickkontakt mit Ihnen und wendet sich vom Auslöser ab, auch wenn er vermutlich ab und zu kurz zu ihm hinüberschauen wird.

Es kann sein, dass Sie bei dieser Übung anfangs ein bisschen Geduld haben müssen. Nicht allen Hunden fällt es leicht, sich hinzusetzen, wenn sie die Hand am Geschirr spüren. Achten Sie darauf, dass Ihr Hund parallel neben Ihnen sitzt. So können Sie auch neben einem großen, starken Hund aufrecht und ausbalanciert stehen bleiben, und auch der Hund bleibt besser in Balance, weil Sie Ihre Finger nur im Geschirr einhaken und ihn nicht schief ziehen.

Wenn das Not-Sitz gut gefestigt ist, wird Ihr Hund sich wahrscheinlich bereits hinsetzen, sobald er Ihre Hand am Seitensteg seines Geschirrs spürt. Meine Hunde setzen sich sogar dann, wenn sie meine Finger an der Halsseite spüren, auch ohne dass sie ein Geschirr tragen. Wenn es gut trainiert ist, setzen sich die Hunde auf das Not-Sitz-Signal selbst dann prompt hin, wenn ihr Mensch gar nicht in ihrer unmittelbaren Nähe ist. Letzteres ist nicht direkt unsere Absicht, kann aber in angespannten Momenten sehr praktisch sein.

Häufige Fragen

Warum bleibt die Hand am Halssteg?

Weil es dem Hundeführer in einer angespannten Situation mehr Sicherheit durch mehr Kontrolle gibt. Ist Ihre Hand am Seitensteg, wissen Sie genau, wohin der Kopf Ihres Hundes gedreht ist, auch wenn Sie kurz abgelenkt sind. Darüber hinaus können Sie besser aufrecht und im Gleichgewicht stehen bleiben.

Warum ein neues Signal?

Damit dieses Notsignal sorgfältig und sauber aufgebaut und verstärkt werden kann,

Tipp

Schnelles Hinsetzen, selbst in angespannten Situationen, können Sie übrigens wunderbar im Spiel trainieren und festigen. Machen Sie dazu am besten Zerr- oder Lauerspiele, bei denen Sie mit Ihrem üblichen Signal ein Sitz abfragen, wenn der Hundekörper am meisten Spannung zeigt. Sobald Ihr Hund sich setzt, lösen Sie das Signal auf und belohnen direkt mit heftigem Spiel. So wird Ihr Hund viel Spaß am Lernen haben.

ohne dass der Hund es mit dem normalen Sitz vermischt, das im Alltag öfter mal etwas unsauber umgesetzt wird.

Warum immer mit Spiel und langer Belohnung auflösen?
Weil der Hund sich eine Zeit lang sehr zusammenreißen muss. Diese Spannung staut sich auf und muss aufgelöst werden. Außerdem bedeutet die erleichternde Bewegung für viele Hunde eine Verstärkung.

Warum Sitzen und nicht Stehen?
Weil der Hund im Sitzen nach hinten ausgerichtet ist. Er hat in dieser Position nicht so viel Spannung und Bewegungsbereitschaft wie im Stehen.

Wichtig!
Vermeiden Sie unbedingt, dass Ihr Hund im Not-Sitz von einem frei laufenden Hund belästigt wird. Er kann sich so nicht bewegen und nicht ausweichen – das ist unfair. Das Verhalten würde rasch schwächer werden oder es könnte eine falsche Verknüpfung entstehen.

BAT-Training – Selbstwirksam zu neuen Perspektiven

2011 habe ich die erste Version des BAT-Trainings (Behavior Adjustment Training) von Grisha Stewart kennengelernt. 2013 wurde dieses bereits damals sehr effektive System von der optimierten Version BAT 2.0 abgelöst. Auf diese möchte ich mich hier beziehen. BAT 2.0 ist ein geniales System, das Hunden die Möglichkeit gibt, bei der Wahrnehmung von Auslösern für reaktives Verhalten ziemlich schnell emotional umzulernen. Gearbeitet wird dabei in sogenannten Setups (gestellten Trainingssituationen). Ich werde in diesem Buch das BAT-Training für Hund-Hund-Begegnungen beschreiben. Man kann es jedoch für die verschiedensten Auslöser einsetzen.

Voraussetzung für diese Art des Trainings ist eine solide Basiserziehung, die alle bereits in diesem Buch beschriebenen Elemente beinhaltet. Selbstverständlich sollte vor Trainingsbeginn außerdem sichergestellt sein, dass der Hund gesund ist und sich allgemein wohlfühlt.

Zwar ist in den BAT-Setups, bei denen es sich in unserem Fall um arrangierte Begegnungssituationen handelt, so gut wie keine Einwirkung des Hundeführers nötig, aber dennoch ist es wichtig, dass der Hund bestimmte erwünschte Verhaltensweisen gut geübt hat. Das erhöht die Wahrscheinlichkeit stark, dass er sie von sich aus zeigt.

Zweck der BAT-Setups ist es, dem Hund ausreichend Freiraum für selbstbestimmtes Verhalten zu geben und ihn so in die Lage zu versetzen, eine neue emotionale Verknüpfung mit Begegnungssituationen herzustellen. Der Hund kann dadurch selbstwirksam eine neue Strategie entwickeln, die sein altes Verhalten ablöst. Oder anders ausgedrückt: Wir geben ihm die Gelegenheit, das zu tun, was er braucht, um mit Begegnungssituationen in Zukunft ruhig und entspannt umzugehen.

Grisha Stewart hat das Training in BAT-Setups in fünf Zonen eingeteilt. Auf der folgenden Doppelseite finden Sie eine Übersicht mit kleineren Ergänzungen und Anpassungen meinerseits. Die Originalgrafik von Grisha Stewart sowie weitere interessante Grafiken und Infos (auch in deutscher Sprache) finden Sie unter http://grishastewart.com/handouts-and-translations-to-share.

WIE UND WARUM WIRKT DAS BAT-TRAINING?

Beim BAT-Training wird dem Hund etwas sehr Wichtiges und Positives gegeben: die Freiheit, sich so zu verhalten, wie er es braucht auf einer Distanz, die für ihn nicht belastend ist, damit er mit der gegebenen Situation selbstwirksam ruhig und gelassen umgehen kann.

Bei BAT 2.0 wird stark auf Realitätsnähe geachtet. Die Setups werden nicht mehr linear gestaltet, sondern das Geschehen findet in einer Landschaft statt, die idealerweise mit Gebüsch, Gras, Gräben, Bäumen, Wegen, Kreuzungen und vielen Duftspuren von Hunden, Menschen und anderen Tieren angereichert ist. Wichtig ist, dass es viele Ausweichmöglichkeiten gibt und der Hund seine Bewegungen selbst steuern kann. Das Terrain sollte also großflächig sein und viele landschaftliche Abgrenzungen bieten, die es dem Hund erlauben, sich sich immer mal wieder eine Sichtpause zu organisieren.

Die Anfangsdistanz wird nun so gewählt, dass der Hund nicht erregt reagieren muss, wenn er den anderen Hund wahrnimmt. Das heißt, er ist so weit weg, dass er kurz hinschauen und sich dann auf ruhige, recht entspannte Weise anderweitig beschäftigen kann. Der Hundehalter folgt ihm dabei aufmerksam, aber ebenfalls ruhig. Die Leine hängt durch, sodass der Hund sich weder durch die Bewegungen noch durch die Nähe seines Menschen behelligt oder bedrängt fühlt. Wo auch immer der Hund hin will, geht der Hundehalter mit beziehungsweise ermöglicht es ihm durch flexibles, lockeres Leinenhandling.

Klingt einfach? Das ist es auch, allerdings nur, wenn man es praktisch geübt hat. Wer die Leine eines reaktiven Hundes während einer BAT-Sitzung einmal selbst in der Hand halten konnte, staunt über das unauffällige, fast willkürlich erscheinende Verhalten. Dennoch: Nichts ist Zufall. Ab dem Moment, in dem der Hund den anderen Hund wahrgenommen hat, steht jedes Verhalten im Zeichen dieser Interaktion, und zwar mit haarscharfem Kalkül.

Freiheit und Selbstwirksamkeit sind das Gegenteil von ständigen Signalen, Ansagen, Lenkungen, Abfragen von Verhaltensweisen, Ablenken oder Führen in die Nähe des Auslösers bis zu einem gewissen Punkt der Belastung. BAT hat mit all dem nichts zu tun.

Wir können also getrost sagen, dass die aktuelle Version des BAT-Trainings ausschließlich auf positiver Verstärkung basiert, wobei der Hund sich seine Verstärkung aus der Situation heraus selbst holt. Dabei wird vom Menschenpenibel auf seine Körpersprache, auf sein Wohlbefinden und auf sein Stressniveau geachtet.

DIE SETUPS

Bei den Setups üben zwei Hunde miteinander. Sie sollten von Anfang bis Ende behutsam und rücksichtsvoll geplant und durchge-

DIE 5 BAT-ZONEN:

Die grüne Zone ist die ideale Trainingssituation.
Hier kann der Hund selbstwirksam zum anderen Hund hinschauen und wieder wegschauen, kann sich locker und ruhig in der Umgebung bewegen, wechselt zwischen kurzen Blicken hin zum anderen Hund und selbstunterbrechendem Verhalten wie Schnüffeln ab. Er braucht keine Hilfe von seinem Menschen.

Was tun? Hinter dem Hund herlaufen, Leine locker, keine Einwirkung

Körpersprache des Hundes:
- lockerer Körper
- weiches Maul, weiche Ohren, langsame weiche Bewegungen
- alles sieht „zufällig" und souverän aus
- Kopf wird tiefer gehalten
- meidet nicht, aber schaut auch nicht lange zum anderen Hund hin
- kurze Blicke zum anderen Hund, auch während dem Schnüffeln
- kann sich selbstständig wieder abwenden
- setzt sich ruhig mit dem Umfeld auseinander und „beschäftigt" sich selbst

In der blauen Zone sind wir noch in einer Situation, die der Hund selbstwirksam bewältigen kann. Er schaut jedoch etwas „interessierter" hin, richtet sich etwas mehr auf, kann sich aber selbst auch wieder unterbrechen und sich weiter mit dem Umfeld beschäftigen. Er braucht nahezu keine Hilfe oder nur sehr subtile Hilfe von seinem Menschen. Lässt man dem Hund Zeit, kann die blaue Zone zur grünen Zone werden.

Was tun?
Achtsam bleiben und schauen, dass die Körperhaltung des Hundes nicht angespannter wird, sich parat halten für subtile Hilfen oder einen sanften Stopp.

Körpersprache des Hundes:
- schaut etwas interessierter hin
- schnüffelt in der Luft
- die Körperhaltung ist etwas mehr aufgerichtet
- hat die Ohren aufgerichtet
- der Blick ist etwas fokussierter
- kann sich selbst wieder unterbrechen

In der gelben Zone schafft der Hund die Selbstunterbrechung gerade noch, aber er braucht möglicherweise unsere Hilfe, zunächst die leisen Signale und je nach Entwicklung seiner Erregung sollten diese etwas deutlicher werden. Gelingt die Selbstunterbrechung nach zwei bis drei Sekunden nicht, helfen wir ihm durch leise Hilfen wieder in die Blaue-Grüne Zone zurück.

Was tun?
Wenn er etwas länger als drei Sekunden hinschaut, sollten wir uns mit leisen Signalen einbringen.

Körpersprache des Hundes/ Mittleres Erregungsniveau
- schaut zu lange zum Auslöser hin (mehr als zwei bis drei Sekunden)
- kann gerade sich gerade noch selbst unterbrechen
- macht sich etwas größer
- wirkt etwas steifer

In der orangenen Zone kann sich der Hund nicht mehr selbst regulieren. Er erstarrt, fixiert den anderen Hund und steht kurz vor der Eskalation. Hierauf wird der andere Hund womöglich bereits reagieren.

Was tun?
Hier ist eine sofortige Umorientierung notwendig mit Signalen, die gut erlernt sind und auch unter Anspannung umgesetzt werden können.

Körpersprache des Hundes:
- Gesicht und Körper sind steif und starr
- Rute steif und aufgerichtet
- schnellere Atmung oder keine wahrnehmbare Atmung
- geschlossenes Maul
- starrt den anderen Hund an oder meidet den Blickkontakt komplett
- nimmt möglicherweise keine Futterbelohnung mehr

In der roten Zone herrscht Alarmstufe Rot, hier rastet der Hund aus und verliert die Selbstkontrolle.

Was tun?
Notlösungen: Die geordnete Flucht oder das Not-Sitz bis der andere Hund außer Sicht ist. Greifen Sie auf das Signal zurück, was am besten trainiert ist und der Situation, (Raum, Zeit) am Besten angepasst ist.

Körpersprache des Hundes:
- eventuell rückgerichtete Aggression
- angespannte Muskeln
- deutliche Drohgebärden (auch Bellen und Knurren)
- in die Leine springen

(Grafik: Katrien Lismont)

Körperausrichtung und Handlungen der Hunde mögen auf den ersten Blick zufällig wirken, sind es jedoch ganz bestimmt nicht.

Die Hunde passen ihre Distanz, ihre Bewegungen und ihre Körperhaltung permanent an den jeweils anderen an. (Fotos: Katrien Lismont)

führt werden. Man kann sie mit einem reaktiven und einem unauffälligen Hund gestalten. Ich persönlich kombiniere immer zwei reaktive Hunde.

Die Planung beginnt schon bei der Frage, wo, wie und in welcher Distanz zueinander die Autos geparkt werden. Ich organisiere dies gern so, dass wir ohne Probleme zuerst einen Hund aus dem Auto aussteigen lassen können, ohne dass dieser nahe am Auto des anderen Hundes vorbeilaufen muss. Der erste Hund kann dann in Ruhe ein Stück weit gehen. Erst wenn die Distanz groß genug ist, wird der zweite Hund aus dem Auto geholt. Ab dem Moment beginnt das eigentliche Training. Das heißt, wenn der zweite Hund direkt nach dem Aussteigen schon anfängt, herumzuschnüffeln und sich Zeit zu nehmen, ist das vollkommen in Ordnung und sollte ihm ermöglicht werden.

Ein geeigneter Ort für ein BAT-Setup sollte so einiges zu bieten haben. Wie bereits beschrieben, gibt es dort idealerweise viele Sträucher, Bäume und andere landschaftliche Abgrenzungen (Hecken, einen Bach, Grasstreifen, Hütten oder Häuschen). Es ist auch günstig, wenn es viel zu schnüffeln gibt. Die Gegend muss aber nicht unbedingt ländlich sein. An Wochenenden leere große Parkplätze eignen sich ebenfalls zum Üben.

Man kann das Gelände auch selbst mit Objekten anreichern, wenn nicht genug Ablenkungen vorhanden sind. Geparkte Autos eignen sich zum Beispiel gut. Hinter ihnen können sich die Hunde eine Sichtpause organisieren.

Bei einem BAT-Setup ist es wichtig, dass die Antezedenzien sorgfältig kontrollierbar sind. Für den Anfang muss deshalb gewährleistet sein, dass nicht zu viel Hunde- oder Menschenverkehr stattfindet. Bei fortgeschritteneren Hunden ist viel Verkehr selbstverständlich wünschenswert.

Die Auswahl der Trainingspartner muss ebenfalls sehr gezielt erfolgen. Ich versuche, niemals zwei BAT-Anfängerhunde miteinander zu kombinieren. Auch vermeide ich es, diese Einsteiger mit Hunden zu konfrontieren, die viel größer sind als sie selbst, sehr gut sichtbare Muskeln haben (große athletische Kurzhaarhunde), eine stark vorwärts ausgerichtete Körperhaltung einnehmen (Ohren, Stand, Rute nach vorn), sehr beweglich sind oder ihrem allgemeinen „Feindbild“ entsprechen.

Die jeweiligen Hundehalter müssen während des gesamten Setups aufmerksam und voller Achtsamkeit mit ihrem Hund unterwegs sein. Sie sollten die Körpersprache, die Bewegungen und die neuen Ausrichtungen des eigenen Hundes, aber auch die des Übungspartners genau beobachten und für den Hund unauffällig aus dem Augenwinkel verfolgen, worauf er gerade jetzt reagiert. So lernen die beteiligten Menschen eine Menge über die Handlungen der beiden Hunde, die auf erstem Blick „zufällig“ oder „unscheinbar“ aussehen. Sie werden im Lauf der Zeit feststellen, wie scharf die Hunde ihr Umfeld beobachten und mit wie viel Präzision sie auf die Bewegungen und Ausrichtung des anderen Hundes „antworten“.

Im Folgenden möchte ich Ihnen die wesentlichen Faktoren eines BAT-Setups näher erläutern.

Distanz und Zeit

Es ist nicht immer leicht abzuschätzen, welchen Abstand ein Hund benötigt, damit er nicht auf einen Artgenossen reagieren muss. Daher gehen wir in der ersten BAT-Sitzung auf Nummer sicher und wählen eine Distanz von 100 bis 120 Metern beziehungsweise auf jeden Fall das Doppelte der benötigten Distanz, die der Hundehalter annimmt. Wie gerade erwähnt, schicke ich den ersten Hund voraus und den zweiten Hund auf Abstand hinterher, wobei ich ihn erst dann folgen lasse, wenn er vollständig ansprechbar ist. Das Erregungsniveau sollte so sein, dass der Hund sein Verhalten und seine Erregung selbst regulieren kann, indem er schnüffelt, pinkelt oder sonstigen hundetypischen Tätigkeiten nachgeht.

Es ist spannend, wie subtil Hunde ihre Artgenossen beobachten und wie fein sie mit deren Zeichen umgehen, wenn man ihnen die Möglichkeit lässt. Mir passiert es fast täglich, dass ein Kunde der Meinung ist, sein Hund habe den anderen Hund noch nicht gesehen. Doch weit gefehlt: Sobald der Hund anfängt, „dringend“ zu schnüffeln, zu urinieren oder anderes tief verankertes Verhalten wie Buddeln, Mäuseln, Jagen oder voreilige Unterordnungshandlungen an den Tag zu legen, kann man davon ausgehen, dass er

Beide Hunde interagieren, indem sie sich auf diese Distanz Zeit zum „Sondieren" nehmen.

Nähert sich die schwarze Hündin etwas mehr, als ihm lieb ist, vergrößert der Golden-Retriever-Rüde von selbst die Distanz. (Fotos: Katrien Lismont)

sich mit der Wahrnehmung des anderen Hundes auseinandersetzt. Abhängig davon, wie hektisch dieses Verhalten ausgeführt wird, kann es erforderlich sein, die Distanz zu vergrößern.

Während der gesamten Sitzung bestimmt der Hund zum größten Teil selbst, wann er sich dem anderen Hund nähern möchte. Ausschließlich, wenn er dies in einer „friedlichen" Weise tut, lassen wir ihn die Distanz zum Auslöser verkleinern. Friedlich bedeutet langsame Annäherung im Zickzack mit vielen kleinen Stopps und Verzögerungen. Fängt der Hund an, auf direktem Weg ziemlich schnell in Richtung des Artgenossen zu laufen, wird er von uns mit dem sanften Stopp ausgebremst, damit er auf ein anderes friedliches Verhalten zurückschalten kann. Gelingt ihm das nicht, wird die Distanz um einige Meter vergrößert.

In den BAT-Sitzungen haben die beteiligten Menschen und Hunde ausreichend Zeit für all diese Handlungen. In den stressfreien, ruhigen und leisen Setups interagieren die Hunde vom ersten Augenblick an permanent, auch wenn das so unauffällig sein kann, dass wir Menschen es zunächst gar nicht wahrnehmen. Die Hundehalter lernen jedoch im Lauf der Sitzungen, die Körpersprache der Hunde immer besser zu lesen, kleinste Reaktionen wahrzunehmen und die Manöver beider Hunde einzuschätzen und zu verstehen. Das Ganze wirkt nach außen hin unspektakulär, ja sogar langweilig. In Wahrheit ist diese Trainingsmethode aber eine exzellente Möglichkeit, um zu erkennen, was der eigene Hund tatsächlich mit seinen unerwünschten Reaktionen sagen wollte.

Meine BAT-Sitzungen dauern in der Regel eine Stunde. Die Hunde organisieren sich dabei selbst ausreichend Pausen, z. B., indem sie sich im Gebüsch unsichtbar machen oder kurz hinter landschaftlichen Barrieren verschwinden. Wichtig ist, dass die Menschen das Verhalten so annehmen, wie es gerade passiert, und nicht versuchen hineinzuinterpretieren, dass es gerade nichts mit der Begegnungsstrategie zu tun hat (Beispiele: „Er will jetzt im Graben trinken“, „Er hat eine Hasenspur gerochen“, „Hier sind Mäuse“). Gegen Ende der Sitzung wird ganz locker zurück zum Auto gewandert. Ziel ist, dass jeder Hund ohne Stress und ohne für ihn nicht erträgliche Nähe in sein eigenes Auto kommt und feststellt, dass rein gar nichts passieren musste.

Das Leinenhandling

Grisha Stewart sagt, dass das Leinenhandling, also die Fähigkeit, den Hund an lockerer Leine so zu führen, dass er sich nicht „angeleint fühlt“, 80 Prozent eines erfolgreichen BAT-Trainings ausmacht. Dies setzt natürlich eine gute Leinenführigkeit des Hundes voraus. Nur wenn die Leine locker durchhängt, ist es möglich, dem Hund nahezu unauffällig zu folgen. Grisha Stewart spricht von einer „lächelnden“ Leine, weil diese leicht durchhängt, aber nicht so weit, dass sie unter die Kniehöhe des Hundes kommt. Würde die Leine zu weit durchhängen, könnte der Hund sich darin verfangen und man müsste sie im ungünstigen Fall ständig entwirren, was Einwirkung bedeuten würde.

Während einer BAT-Sitzung wird die Leine in zwei Händen gehalten. Dies hat mehrere Gründe:

- Der Mensch befindet sich besser im Gleichgewicht und hat eine entspannte und aufrechte Körperhaltung.
- Mit der Führhand, also der Hand, die dem Karabiner am Geschirr näher ist, können Spannung und Entspannung der Leine präzise und einfühlsam reguliert werden.
- Die andere Hand kann sich unentwegt um die für die aktuelle Situation erforderliche Anpassung der Leinenlänge kümmern.

Wer sich des Öfteren in ein BAT-Setup begibt und sich dabei eine Stunde lang auf ein subtiles Leinenhandling konzentriert, dem wird es schnell zur Gewohnheit werden. Es ist ein sehr entspannter, aber dennoch äußerst achtsamer Umgang mit der Leine.

Sie werden während einer BAT-Sitzung sicher erstaunt darüber sein, wie sich eine lockere Leine im Gegensatz zu einer gespannten Leine auf das Verhalten des Hundes auswirkt. So ist es bei angespannter Leine unvermeidlich, dass sich einige größere Muskelpartien des Hundes ebenfalls anspannen. Das allein verhindert schon, dass der Hund selbst locker ist. Außerdem ist ein in der Leine hängender Hund mit seinem eigenen Gleichgewicht beschäftigt und hat keine

Wird die Leine so gewickelt, kann man sie jederzeit leicht und schnell verlängern oder verkürzen. (Foto: Katrien Lismont)

Kapazitäten frei, sich überlegt mit dem Umfeld oder seinem Menschen auseinanderzusetzen. Genau das muss ihm aber möglich sein.

Zum Leinenhandling gehören der sanfte Stopp, die absolut ruhige Hand an der Leine, das Ausstreichen der Leine aus der Tellington-TTouch®-Methode sowie das vorgetäuschte Mitziehen (Mime Pulling). Außerdem muss der Mensch hinter dem Hund gehen, dabei auf eine lockere Leine achten und darauf, dass er dem Hund nicht in den Weg läuft, ihn nicht nach vorn drängt, ihn nicht unnötig abbremst und nicht unnötig lenkt. Hier ist echtes Multitasking gefragt.

Alle diese Elemente des Leinenhandlings sollten Sie gut üben, damit Sie auch in brenzligen Situationen das Richtige tun können. Ich werde die einzelnen Elemente des Leinenhandlings hier kurz beschreiben, möchte aber für tiefer gehende Erklärungen zusätzlich auf die DVD-Serie *BAT 2.0* und das Buch *BAT 2.0* von Grisha Stewart verweisen. Beide sind leider nur in englischer Sprache erhältlich.

Den sanften Stopp habe ich weiter vorn bereits beschrieben. Für eine absolut ruhige Leinenführung gilt es, die Leine mit der Führhand so subtil zu halten, dass sie während der BAT-Sitzung für den Hund kaum zu spüren ist. Die Leine wird außerdem so gewickelt (siehe Foto), dass sie sich mit der anderen Hand schnell verkürzen und verlängern lässt. Nur so können wir die Spannung auf der Leine gleichmäßig halten und dem Hund so unauffällig wie möglich hinterherlaufen. Er sollte nicht das Gefühl bekommen, dass wir ihn verfolgen. Vermeiden Sie es also, zu nahe an Ihrem Hund zu laufen, und achten Sie darauf, dass die Leine sich weder zu viel bewegt noch zu stark gespannt ist.

Ausstreichen der Leine: Bei dieser Technik streichen Sie im Wechsel mit der linken und mit der rechten Hand die Leine so aus, dass Ihre Hände ganz sanft über die Leine in Ihre Richtung gleiten. Mit dem Ausstreichen der Leine können wir ohne Ziehen und Zerren und ohne verbales Signal die Aufmerksamkeit des Hundes auf uns lenken. In einer BAT-Sitzung kann das von Nutzen sein, wenn wir das Hinschauen zum Auslöser verkürzen oder unterbrechen wollen, damit es nicht zur Eskalation kommt.

Mime Pulling: Bei diesem scheinbaren Mitziehen geht es darum, den Hund komplett umzuorientieren, sodass er in eine andere Richtung mit uns mitläuft. Dazu wird die Leine wie eben beschrieben sanft ausgestrichen und der Mensch dreht dabei seinen Körper vom Hund weg. Durch diese Kombination wird sich der Hund eingeladen fühlen, tatsächlich mitzukommen.

Mark & Move: Bei diesen BAT-Techniken von Grisha Stewart geht es um Intervention für den Fall, dass zu viel Nähe und zu viel Anspannung entstehen. Zweck von Mark & Move (Markieren und Weiterbewegen) ist es, so subtil wie möglich einer Eskalation vorzubeugen. Genutzt werden kann dabei alles, was der Hund als alternatives Signal oder Verhalten kennt. Es sei an dieser Stelle noch mal erwähnt, dass bei den Setups die Antezedenzien so sorgfältig arrangiert werden sollten, dass der Hundehalter mit hoher Wahrscheinlichkeit überhaupt nicht intervenieren muss. Dennoch lässt es sich in der Praxis nie ganz ausschließen, dass die Distanz doch einmal zu klein wird und der Hund in Schwierigkeiten gerät. Mit Mark & Move kann man ihm dann helfen, sich nach einer friedlichen Entscheidung oder vor einem reaktiven Verhalten vom Auslöser abzuwenden. Hierzu bieten sich erlernte Signale an, aber auch nicht eigens trainierte Sätze, die

Beim Mime Pulling, dem scheinbaren Mitziehen, wird der Hund durch sanftes Ausstreichen der Leine und Abwenden des Körpers zum Mitkommen „eingeladen". (Foto: Katrien Lismont)

VOLUMENREGLER FÜR DIE SIGNALE

Leise Signale wie

- einen Fuss leise über den Boden ziehen (Geräusch)
- hörbar ausatmen, sich räuspern

Etwas mehr Einwirkung wie

- ausstreichen der Leine
- Lobwort, etwas Nettes sagen
- den eigenen Körper vom Auslöser weg bewegen, wenn man sich im Blickfeld des Hundes befindet

Deutlichere Signale wie

- Hundename, erlerntes Umorientierungssignal
- Futter auf Boden werfen (in Blickfeld des Hundes)
- Click für Blick (wenn Hund ansprechbar)
- Mime Pulling

Notsignale wie

- Not-Sitz
- geordnete Flucht

(Abbildung: Katrien Lismont)

der Hund aus dem Alltag kennt, etwa „Gehen wir?“ oder „Finde das Leckerchen“. Möglich ist auch, einfach nur das Markersignal (siehe „Click für Blick“) zu verwenden, damit der Hund sich umorientiert oder sein Verhalten kurz unterbricht, worauf die verstärkende Konsequenz etwa in Form eines Lobworts, eines Spiels oder einer Futtersuche folgt.

Was genau man einsetzt, sollte der Situation angemessen sein. So sind beispielsweise erlernte Signale und der Marker recht deutlich, einfache Alltagssätze oder Geräusche hingegen viel subtiler. Man kann das mit einer Art Volumenregler vergleichen, den man auf die leiseste Position einstellt, die der Hund in der gegebenen Situation noch wahrnimmt. Die Grafik auf Seite 98 soll dieses Bild anhand einiger Beispiele verdeutlichen. Die möglichen Verstärker sind nicht aufgeführt, sollten aber ebenfalls passend gewählt werden.

Kein Erwartungsdruck

Vielleicht kennen Sie das: Sie wissen, dass Ihr Hund sich bei Begegnungen mit Artgenossen reaktiv verhält, aber im normalen Alltag haben Sie Wege gefunden, diesen Situationen aus dem Weg zu gehen. Nun steht jedoch ein besonderes Ereignis an, etwa ein Urlaub, ein Besuch bei Verwandten, in deren Umfeld viele Hunde leben, oder ein Aufenthalt in einer Hundepension. Plötzlich wird es dringend Zeit, das Verhalten in den Griff zu bekommen, am besten innerhalb von wenigen Wochen oder sogar Tagen …

Das ist jedoch nicht der Sinn des BAT-Trainings. Es handelt sich hier nicht um ein Instrument, das man schnell aus der Kiste zaubert, um den Hund von jetzt auf gleich von seiner Pöbelei zu „heilen“. In meinen Augen ist es auch kein Trainingsmittel, das man „mal probieren“ kann. BAT ist ein ganzheitliches System, eine Philosophie, die sich auf Selbstwirksamkeit und Empathie stützt und nicht nur beim Hund, sondern erfahrungsgemäß auch beim Menschen zu grundlegenden Veränderungen führt. Fristen oder Erwartungshaltungen sind hier kontraproduktiv. Es gibt keine Garantie für das Erreichen von Wunschbildern wie „Unser Hund soll sich mit allen anderen Hunden gut verstehen“ oder „Er soll im Nahkontakt nicht die Nerven verlieren“. Das können weder BAT noch andere durch einen respektvollen Umgang mit dem Hund gekennzeichnete Trainingsmethoden leisten.

Der Mensch muss zunächst akzeptieren, dass sein Hund einen Grund für sein Verhalten hat, und lernen, seine Signale zu verstehen und zu respektieren. Eines der schwierigsten Elemente meiner Arbeit als Trainerin ist es, Hundehaltern zu erklären, dass ihr Hund vielleicht schlicht keinen näheren Kontakt will und sie ihm die Möglichkeit geben sollten, diesen zu vermeiden. Beim BAT-Training geht es tatsächlich darum, dem Hund ein Mitspracherecht einzuräumen. Er soll selbst Wege finden, um besser mit bisher schwierigen Situationen zurechtzukommen, und der Mensch sollte offen dafür sein, ihn dabei zu begleiten, statt ihm ein bestimmtes Verhalten aufzudrängen.

Die gute Nachricht ist: Wenn die erste Sitzung gut gestaltet war und so harmonisch und ruhig wie möglich ablaufen konnte, ist davon auszugehen, dass von dieser Art, andere Hunde auf erträgliche Distanz wahrzunehmen und ruhig zu bleiben, einiges hängen geblieben ist. Sehr oft berichten mir Hundehalter, dass ihr Hund bereits nach der ersten Sitzung weniger heftig reagiert hat. Spätestens nach der zweiten Sitzung beginnen die Hunde erfahrungsgemäß, eine neue Strategie zu entwickeln. Auch der Hundehalter hat dann schon einiges aus dem Training mitgenommen und ist in der Lage, es im Alltag umzusetzen. Es kann schon zu einer großen Verbesserung führen, wenn der Hund mehr Leine, mehr Distanz und mehr Zeit bekommt und der Mensch Sicherheit in seinem Umgang mit Begegnungssituationen gewonnen hat. Dennoch ist noch einiges an Training nötig, bis neue Verhaltensweisen gefestigt sind. BAT ist so viel verständnisvoller und nachhaltiger als viele Konfrontationstrainings.

Friedliches Verhalten des Hundes

Das ist jegliches Verhalten, das dem anderen Hund keinen Grund gibt, sich bedrängt oder bedroht zu fühlen. Meistens wird der Körper teilweise vom anderen Hund abgewendet und der Kopf niedrig gehalten. Oft schnüffelt der Hund auch und wirft dem Artgenossen ganz kurze Blicke zu, kann sich aber wieder wegdrehen. Manchmal macht er sich im Gebüsch unsichtbar und es sieht so aus, als würde er in seine Welt abtauchen. Es kann auch sein, dass er sich mit seinem Menschen beschäftigt. Allerdings möchten wir bei BAT-Sitzungen vermeiden, dass der Hund in einen Trainingsmodus fällt und auf weitere Hinweise von seinem Menschen wartet.

Ein Hund, der für einen anderen Hund kein rotes Tuch sein will, hat also eine lockere Körperhaltung, hält keinen Blickkontakt, starrt den anderen Hund nicht an, schnüffelt viel, auch wenn an den Stellen nichts zu finden ist, schielt während des Schnüffelns oftmals zum anderen Hund hin, hält inne und nimmt sich Zeit: Vielleicht will er etwas näher zum anderen Hund, vielleicht jedoch auch nicht. Wie bereits erwähnt, wirkt das alles nur zufällig, ist aber haarscharfes Kalkül. Dieses Verhalten bedeutet auch nicht, dass der Hund für seinen Menschen zu 100 Prozent ansprechbar sein wird, denn sobald ein Hund, der mit der Nähe von Artgenossen Probleme hat, einen anderen Hund wahrnimmt, nutzt er all seine körperlichen und geistigen Möglichkeiten, um mit dieser Situation umzugehen.

BAT ist deshalb so genial, weil das Ziel während der gesamten Sitzung ist, nichts vom Hund zu verlangen. Der Hund darf das tun, was er in der für ihn belastenden Situation braucht, und muss nicht mit seinem Menschen interagieren. Dieser springt nur dann ein, wenn er die Situation retten muss, also wenn der Hund beispielsweise schnell und zielgerichtet auf den anderen Hund zusteuert, was definitiv nicht mehr als beschwichtigendes Verhalten zu werten ist.

Wiederholungen zur Generalisierung

Wie bereits erwähnt, arrangiere ich die BAT-Setups in der Praxis immer mit zwei reaktiven Hunden. Das tue ich, weil Begegnungen – egal welcher Art – nie spurlos an beiden Hunden vorübergehen und ich keine bisher unproblematischen Hunde „verheizen" möchte.

Ich achte außerdem darauf, dass die Hunde wechselnde Trainingspartner haben, damit Menschen und Hunde ihr Verhalten flexibel anpassen müssen und die Menschen immer wachsam bleiben. So lässt sich durch mehrere Trainingseinheiten am selben Ort, aber mit unterschiedlichen Hunden, eine Generalisierung erreichen. Selbstverständlich trägt es auch zur Generalisierung bei, wenn der Ort gewechselt wird, aber der Trainingspartner gleich bleibt. Das kann ein geeigneter erster Generalisierungsschritt für sehr reizbare Hunde sein.

Insgesamt ist es günstig, wenn der betreffende Hund das „Spiel" schon verstanden hat, bevor man etwas variiert. Er sollte in der Lage sein, sich mit dem Umfeld zu beschäftigen, den anderen Hund kurz anzuschauen, dabei ruhig zu bleiben und sich selbstständig wieder abzuwenden. Funktioniert das, kann mit der Generalisierung begonnen werden. Klappt es nicht innerhalb der ersten beiden BAT-Sitzungen und der Hund zeigt sich weiterhin extrem aufgeregt (winselt, bellt, zieht oft an der Leine oder Ähnliches), sollte man darüber nachdenken, einige Schritte zurückzugehen und allgemein an der Leinenführigkeit und der Kontrolle des Erregungslevels zu arbeiten, bevor ein neuer BAT-Termin angesteuert wird. Mit sehr leicht reizbaren Hunden, bei denen nach zwei Sitzungen aber durchaus eine Verbesserung zu erkennen ist, kann es ratsam sein, Ort und

Beide Hunde sind sich der Nähe des jeweils anderen Hundes sehr bewusst. Solange sie friedliches Verhalten zeigen können, muss der Hundehalter nicht eingreifen. (Foto: Katrien Lismont)

Partnerhund länger gleich zu lassen, bevor man einen ersten Schritt in Richtung Generalisierung macht.

Achtsame Körpersprache

Wer einige BAT-Sitzungen erlebt hat, weiß, wie viel Kapazität des Hundehirns durch das Erblicken eines Auslösers in Anspruch genommen wird. Die Hunde können teils gar nicht oder nur langsam auf bekannte Signale reagieren, weshalb ich noch einmal dafür plädieren möchte, nur wenige und sehr gut gelernte Signale einzusetzen, wenn tatsächlich Einwirkung nötig ist.

Meine Erfahrungen mit BAT haben aber auch gezeigt, wie gut Hunde noch auf Bewegungen des menschlichen Körpers reagieren können. Es ist bekannt, dass Hunde einen größeren Blickwinkel haben als wir Menschen. Er beträgt bei ihnen etwa 240 Grad, während wir uns mit etwa 180 Grad begnügen müssen. Diese Tatsache können wir nutzen, indem wir unseren Körper richtig positionieren. Im Idealfall befindet sich der Mensch beim BAT-Training hinter dem eigenen und gegenüber dem anderen Hund. Allerdings sollte er nicht in gerader Linie hinter dem Hund stehen, weil dieser ihn dort nicht sehen kann. Wenn der Hund sich also auf einen Auslöser fokussiert, sollte der Mensch einen Schritt zur Seite machen. So kann der Hund ihn wahrnehmen und sich umorientieren. Das wiederum ermöglicht dem Menschen, ihm zu signalisieren, wo er hingehen soll, damit er sich komplett vom Auslöser abwendet.

Das Wahrnehmen von Bewegungen überlagert beim Hund das Wahrnehmen von verbalen Signalen. Daher sind Bewegungen gerade in Situationen, in denen die Reaktionsmöglichkeiten des Hundes eingeschränkt sind, eine gute Wahl. Sie können als leise, aber sehr effektive Signale dienen. Wenn wir den Hund mithilfe körperlicher Signale vom anderen Hund „weglotsen", wird das sehr schnell eine starke Wirkung zeigen, weil das Entfernen vom Auslöser für die meisten Hunde einen verstärkenden Effekt hat.

BAT JENSEITS DER SETUPS

Oft werde ich nach der ersten erfolgreichen BAT-Sitzung gefragt: „Alles gut und schön, aber wie geht das jetzt morgen früh bei der Gassirunde?" oder: „Was passiert, wenn ein frei laufender Hund auf uns zugelaufen kommt und ich nicht ausweichen kann?" oder: „Hier hat man Platz genug, um auszuweichen, aber was mache ich, wenn es nur einen schmalen Wegrand gibt und der Weg an sich auch nicht breit ist?"

Diese Fragen sind verständlich. Man hat Angst, dass die ersten Erfolge schon am nächsten Morgen zerplatzen wie ein Luftballon. Damit das nicht passiert, gibt es selbstverständlich auch im Alltag ein bisschen was zu beachten. Ich möchte Ihnen hier einen Ausblick geben, wie sich BAT und Alltag kombinieren lassen.

Zunächst muss klar sein, dass wir ein neues Verhalten in einer für den Hund und seinen Menschen sehr emotionalen Situation etablieren möchten. Das gelingt nicht in einer einzigen Sitzung. Es kann sein, dass das Verhalten sofort etwas besser wird, aber um die bisherige emotionale Verknüpfung nachhaltig

In den fortgeschrittenen BAT-Setups simulieren wir so oft wie möglich verschiedene Alltagssituationen, zum Beispiel das Aneinander-Vorbeigehen. (Foto: Katrien Lismont)

zu ändern, braucht es mehr Zeit. Wenn möglich sollten also für die Dauer der Umerziehung unkontrollierbare und nahe Begegnungen vermieden werden. Nur so lässt sich verhindern, dass Mensch und Hund in ihr altes Verhalten zurückfallen und am Ende nur der Frust übrig bleibt. Sie müssen also möglicherweise Ihre Gassirunden und Routinen für die erste Zeit des Trainings verändern. Ziemlich schnell werden Sie Ihren Hund einschätzen können und wissen, welche Begegnungen Sie nun zusammen bewältigen können und welche noch zu reaktivem Verhalten führen werden. Wenn Sie sich nicht sicher sind, nehmen Sie sich die Zeit, Ihrem Hund rechtzeitig bereits etablierte Hilfsmaßnahmen (wie die geordnete Flucht oder das Not-Sitz) anzubieten, und warten Sie nicht, bis er schon deutliche Anspannung zeigt.

Ein erstes Anzeichen für Spannung ist das Verzögern. Wenn Sie sich in dem Moment auf das Tempo Ihres Hundes einlassen und eventuell noch für etwas mehr seitliche Distanz sorgen können, wird es Ihnen auch im Alltag gelingen, immer mehr Begegnungen ohne heftige Reaktion zu meistern. Das gegenseitige Vertrauenskonto wird immer praller gefüllt werden und Sie gewinnen beide immer mehr Zuversicht.

In den BAT-Sitzungen werden dann nach und nach die Anforderungen erhöht: Mehr Hundeverkehr, mehr Ablenkung, nähere

Wie kann ich effektiv trainieren?

Leitfaden für BAT-Setups

1. Folgen Sie Ihrem Hund, bleiben Sie hinter ihm – auch dann, wenn er sich aus der Begegnungssituation entfernen möchte. Werden Sie nur aktiv, wenn er sich zu schnell und zielstrebig auf den anderen Hund zubewegt.
2. Achten Sie auf eine lockere, aufgeräumte Leine, die nicht bis unter die Knielinie Ihres Hundes durchhängt, damit Sie nicht ständig die Leine zwischen seinen Beinen entwirren müssen.
3. Lassen Sie Ihren Hund ohne Einwirkung Ihrerseits die Umgebung erkunden oder selbst agieren (schnüffeln, Leckerchen auflesen, markieren etc.). Geben Sie nur dann Signale, wenn Sie eine Situation entschärfen müssen (Mark & Move).
4. Wenn Sie mit Rücksicht auf den anderen Hund stehen bleiben sollen und das für Ihren Hund langweilig scheint, können Sie ihm ruhige Aufgaben geben, zum Beispiel etwas suchen. Achten Sie aber darauf, dass er dabei immer noch präsent in der Begegnung bleibt.
5. Versuchen Sie, während des BAT-Setups keine anderen Problemthemen wie Leinenführigkeit oder Fressen von Gras und Ästen zu bearbeiten. Konzentrieren Sie sich auf das Agieren Ihres Hundes in Bezug auf den anderen Hund. Zeigt Ihr Hund Stressverhalten, vergrößern Sie bitte die Distanz zum anderen Hund, nachdem Ihr Hund zunächst ein deeskalierendes Verhalten gezeigt hat.
6. Verzichten Sie auf jegliche Körperpflege bei Ihrem Hund, wie Kletten aus dem Fell beseitigen. Ist eine Maßnahme unumgänglich, etwa das Absammeln einer Zecke, sprechen Sie Ihren Hund kurz an, damit Sie seine Aufmerksamkeit von der Begegnung weglenken, und kündigen Sie die Berührung an.
7. Beobachten Sie Ihren Hund und den anderen Hund genau. Seien Sie immer bereit, Ihrem Hund die nötige Unterstützung zu geben. Versuchen Sie zu lernen, welche Manöver des anderen Hundes für Ihren Hund etwas bedeuten.
8. Seien Sie zurückhaltend und wachsam zugleich.
9. Atmen Sie!
10. Erfüllen Sie die Grundbedürfnisse Ihres Hundes. So sollten Sie im Sommer Wasser dabeihaben und sich im Schatten aufhalten und im Winter für angemessenen Kälteschutz sorgen. Achten Sie generell auf Sicherheit und Wohlbefinden, sowohl auf die eigene und die Ihres Hundes als auch auf die Ihrer Übungspartner.
11. Die BAT-Sitzung ist erst dann zu Ende, wenn Ihr Hund wieder im Auto ist. Nehmen Sie sich genügend Zeit und sprechen Sie sich mit Ihrem Übungspartner ab, damit Sie sich beim Einsteigen nicht in die Quere kommen.
12. Nach der BAT-Sitzung sollte Ihr Hund ruhen (im Schlaf kann er das Gelernte verarbeiten). Auch wenn alles ruhig ablief, war es (noch) nicht oder nicht immer leicht! Aufregende Spaziergänge oder Spielrunden mit befreundeten Hunden direkt im Anschluss sind nicht produktiv.

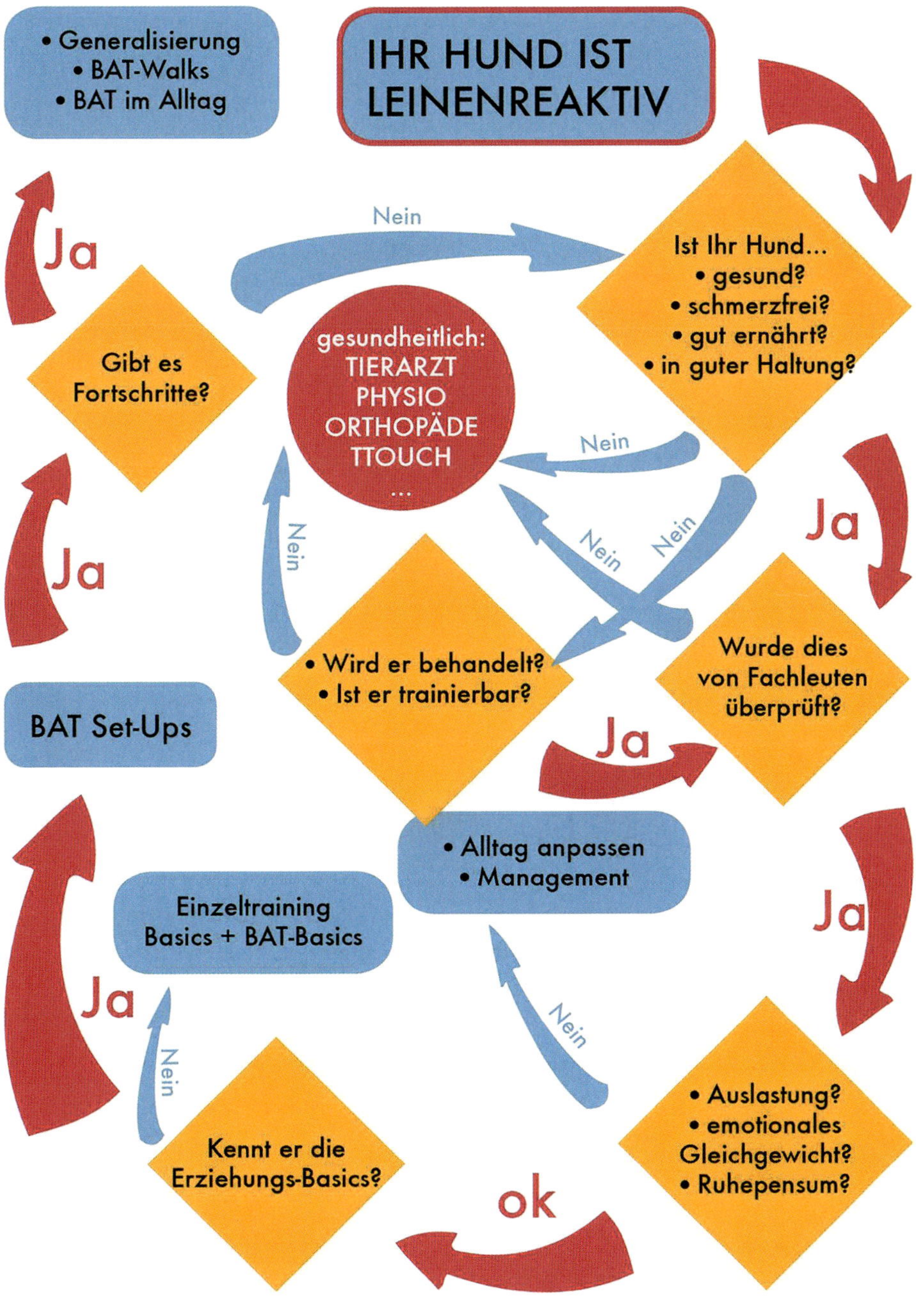

Dieses Flussdiagramm hilft Ihnen zu überprüfen, wo Sie stehen, und zeigt Ihnen die jeweils nötigen Schritte.
(Grafik: Katrien Lismont)

Während der Australian Shepherd das ruhige Sitzenbleiben übt, wird die helle Hündin durch eine subtile Körperausrichtung ihres Frauchens weitergelotst. (Foto: Katrien Lismont)

Begegnungen wie zum Beispiel an Kreuzungen werden begleitet von einem Trainer geübt. Ziel ist, dass Hund und Halter praktische Erfahrungen sammeln, damit sie später auch allein brenzlige Situationen souverän meistern können. Ergänzend können BAT-Walks durchgeführt werden. Ich bin dabei mit vier bis sechs Hunden in unterschiedlichen Umgebungen unterwegs. Wir beginnen mit viel Distanz zwischen den einzelnen Hunden, die nach und nach reduziert wird. Nach einer kurzen Eingewöhnungszeit in der Gruppe kann man dann auch das Aneinander-Vorbeigehen an lockerer Leine üben.

Die Frage nach dem richtigen Verhalten bei unerwünschten Begegnungen mit frei laufenden Hunden ist die schwierigste. Sollten Sie immer auf den gleichen frei laufenden Hund treffen, kann ein Gespräch mit dessen Halter helfen. Ein vernünftiges Gespräch ist mehr wert als täglicher Stress. Vielleicht ist er sogar bereit, mit Ihnen zu trainieren, mit dem Ziel, dass die Hunde irgendwann einmal tatsächlich souverän miteinander umgehen können. Zumindest jedoch sollte er bereit sein, seinen Hund in Zukunft anzuleinen, wenn er Sie und Ihren Hund sieht. Weigert er sich, bleibt Ihnen nichts anderes übrig, als ihn deutlich auf die Konsequenzen seines Verhaltens hinzuweisen. Manche Hunde kommen auch mit Begegnungen klar, wenn man sie ebenfalls ableint. Das ist hilfreich, wenn die Situation nichts anderes zulässt. Dennoch würde ich davon abraten, einen Hund, der ansonsten an der Leine ausrastet, grundsätzlich bei Begegnungen mit fremden Hunden abzuleinen und mehrmals in der Woche oder gar am Tag Begegnungen allein bewältigen zu lassen. Immerhin wissen wir nicht, wie leicht oder wie schwer ihm das fällt. Dieses Vorgehen kann dazu beitragen, dass sich sein Verhalten in Begegnungssituationen an der Leine noch verschlimmert.

Für Situationen, in denen der Weg zu eng ist und der andere Hund auch angeleint bleibt, empfehle ich das zuvor beschriebene Not-Sitz. Wenn es gut geübt und mit viel Spaß belohnt wurde, ist es für die meisten Hunde sehr gut auszuhalten, sich einfach abzusetzen und zu warten, bis der andere Hund vorbei ist.

Für den Fall, dass tatsächlich einmal ein frei laufender Hund auf Sie und Ihren Hund zustürmt und es keinen Ausweg gibt, können Sie üben, sich vor Ihren Hund zu stellen und eine Handvoll Futter nach vorn in Richtung des herankommenden Hundes zu werfen. Der Erfolg dieser Aktion hängt allerdings von der Motivation des anderen Hundes ab.

Tellington TTouch®

Wenn auffälliges Verhalten im Spiel ist, lohnt sich ein Abstecher in die Welt des Tellington-TTouch®-Trainings ungemein. Diese sanfte und ganzheitliche Methode ist eine Wohltat für Mensch und Tier. Basierend auf ihrer langjährigen Erfahrung mit Pferden und ihrer zusätzlichen Ausbildung bei Moshe Feldenkrais entwickelte Linda Tellington-Jones diesen wunderbaren Weg, der es ermöglicht, durch sanfte, bewusste Berührungen und langsame Bodenarbeit eine Menge guter Entwicklungen in Körper, Seele und Geist eines Tieres hervorzurufen.

In meinem Trainingsalltag kommen viele Elemente aus dem Tellington TTouch® zum Einsatz. Das Tolle an dieser Methode ist, dass jeder Tierhalter sie relativ leicht selbst erlernen und anwenden kann.

Besonders interessant für die Arbeit mit reaktiven Hunden ist, dass Tellington TTouch® sich günstig auf das Gleichgewicht im autonomen (also nicht willentlich steuerbaren) Nervensystem auswirkt. Dieses besteht aus dem Sympathikus, dessen Funktion es ist, den Körper in Bereitschaft für Stressreaktionen wie Angriff oder Flucht zu versetzen, und seinem Gegenspieler, dem Parasympathikus, der für Ruhe und Regenerierung sorgt. Ist der sympathische Teil sehr aktiv, so wird dadurch der parasympathische Teil ausgebremst und umgekehrt. Tellington TTouch® aktiviert den Parasympathikus. Deshalb können Hunde, die regelmäßig in den Genuss dieser Methode kommen, zu mehr Ruhe und einem gesteigerten Wohlbefinden gelangen.

Sanfte Berührungen führen darüber hinaus zu einer Ausschüttung von Oxytocin, das auch als „Vertrauenshormon" bezeichnet wird. Es erhöht die Bereitschaft, Vertrauen zu schenken, und steigert zudem das Selbstvertrauen. In Deutschland wird zu diesem Hormon viel geforscht. Laut dem Psychologen und Oxytocin-Forscher Markus Heinrichs wird vermutet, dass Oxytocin die Aufmerksamkeit für soziale Reize verstärkt und gleichzeitig Stress reduziert, das Belohnungssystem aktiviert und so die Bereitschaft erhöht, sich anderen zu nähern (so zitiert von Stefanie Kara in einem Artikel auf www.zeit.de). Tellington TTouch® ermöglicht es Ihnen also, die Ausschüttung dieses Stoffes anzuregen. Wenn das kein Grund ist, sich näher damit zu beschäftigen.

Ein weiteres zentrales Ziel der Tellington-TTouch®-Methode ist es, alte und starre Haltungs- und Verhaltensmuster durch neue, flexiblere abzulösen. Hunde, die lange unter Verspannungen oder Schonhaltungen leiden, werden sich auf Dauer auch anders verhalten. Dass Haltung zu Verhalten wird, ist dabei eine der wichtigsten Feststellungen. Sowohl durch sanfte Berührungen (TTouches®), die zu einer besseren Körperwahrnehmung führen, als auch durch die langsame Bodenarbeit lernt der Hund, seine körperlichen und geistigen Fähigkeiten neu zu entdecken und zu erweitern.

Beide Säulen der Tellington-TTouch®-Methode möchte ich Ihnen hier kurz vorstellen. Im Anhang finden Sie weiterführende Literatur.

DIE KÖRPERARBEIT

Ein wichtiger Bestandteil der Körperarbeit sind leichte, sanfte Berührungen, die sogenannten TTouches® am ganzen Körper. Häufig bekomme ich nach Tellington-TTouch®-Seminaren von Teilnehmern das Feedback: „Ich habe entdecken dürfen, dass mein Hund aus mehr als nur Rücken und Köpfchen zum Streicheln besteht." Und genau darum geht es bei dieser Arbeit: Der gesamte Körper wird mit den Händen und Fingern berührt, wobei nur die Haut verschoben wird. Wir arbeiten weder auf der Muskelebene noch wirken wir absichtlich auf bestimmte Akupunkturpunkte oder Meridiane ein. Allerdings tun wir den Akupunkturpunkten und Meridianen während dieser sanften Behandlung automatisch etwas Gutes.

Das Repertoire an TTouches® ist sehr groß und ich möchte hier nur einen kleinen Einblick geben. Sie werden grob in vier Gruppen unterteilt. Die erste davon umfasst die kreisenden TTouches®. Hierbei wird die Haut ganz leicht, fein und langsam in einem Eineinviertelkreis verschoben. Diese Art der Berührungen eignet sich sehr gut, um angespannte Körperpartien anzusprechen und dazu anzuregen, ihren Idealzustand wieder herzustellen. Die TTouches® werden mit unterschiedlichen Partien der Hand durchgeführt. Je mehr Handfläche im Spiel ist, desto diffuser und weicher ist die Berührung. Werden nur die Finger genutzt, sind die TTouches® umso anregender und deutlicher, je kleiner die Fingerfläche ist (zum Beispiel nur die Fingerspitzen). Die folgenden drei kreisenden TTouches® können Sie leicht selbst durchführen, um Ihrem Hund mehr Wohlbefinden zu schenken:

Waschbär-TTouch®: Die Fingerspitzen liegen senkrecht auf der Haut des Hundes. Dadurch werden die Berührungen etwas deutlicher, aber auch anregender und kleiner.

Mit TTouches® kann man Hunden zu mehr Ruhe und Wohlbefinden verhelfen.
(Foto: Katrien Lismont)

Wolkenleopard-TTouch®: Die Hand liegt schräg auf, die kreisenden Bewegungen werden mit den schräg angesetzten Fingerkuppen ausgeführt. Dieser TTouch® ist sehr weich und sehr leicht.

Muschel-TTouch®: Die vollständige Handinnenfläche wird zum Berühren genutzt. Dieser TTouch® verleiht im besonderen Maß Wärme, Weichheit und Geborgenheit.

Die zweite Gruppe bilden die streichenden TTouches®. Der bekannteste streichende TTouch® ist **Noahs Marsch**. Hierbei streicht die Hand sanft und langsam in langen Bewegungen über die Haut hinweg, wobei der ganze Körper mit einbezogen wird. Die Innenseite der Hand ist dabei eine Art Sensor, den wir mit unserer ungeteilten Aufmerksamkeit speisen, damit wir so viel wie möglich wahrnehmen können. Dieser TTouch® wird gern zum Anfang und Ende einer TTouch®-Sitzung benutzt, weil er eine kleine Bestandsaufnahme ermöglicht. Außerdem werden Sie feststellen, dass Ihr Hund und auch Sie selbst dabei zur Ruhe kommen. Das bewirkt das Oxytocin, das durch den Körperkontakt und die streichelnden Bewegungen ausgeschüttet wird. Probieren Sie einmal aus, was Ihre Hände ertasten können, wenn Sie Noahs Marsch durchführen. Hier eine kleine Übersicht von Dingen, auf die Sie achten können:

Kopf

- Sind die Lefzen weich, leicht offen und feucht oder fest geschlossen und trocken?
- Ist die Haut am Oberkopf und der Stirn locker oder verspannt und fest?
- Fühlen sich die Ohren fest an, fühlen sie sich auf beiden Seiten gleich an oder ist der knorpelige Ohransatz sehr steif und unbeweglich?
- Ist der Kiefer fest und hart oder weich und beweglich?
- Gibt es auffällig warme oder kalte Stellen am Kopf, zum Beispiel am Oberkopf?

Nacken

- Ist der Nacken sehr breit und bemuskelt?
- Ist er fest und angespannt?
- Ist er sehr berührungsempfindlich?

Rücken

- Lässt sich Ihr Hund von vorn bis hinten komplett abstreichen, auch an den Oberschenkeln?
- Gibt es Stellen am Rücken, wo die Haut sich zusammenzieht?
- Gibt es auffällig warme oder kalte Stellen am Rücken?
- Gibt es Stellen, an denen Ihr Hund den Berührungen ausweichen möchte?

Rumpf/Bauch

- Können Sie die Rippenzwischenräume gut ertasten oder fühlt sich dieser Bereich fest an?
- Ist der Bauch weich?
- Ist der Bauch berührungsempfindlich?
- Gibt es auffällig kalte oder warme Stellen an Rumpf oder Bauch?

Beine

- Dürfen Sie die Beine bis zu den Pfoten hinunter abstreichen und auch die Pfoten berühren?
- Gibt es ein Bein (oder mehrere), das empfindlicher ist als die anderen?
- Sind alle Beine/Schultern/Oberschenkel gleich stark bemuskelt?
- Können Sie einen Unterschied bei der Krallenabnutzung feststellen?
- Lassen sich die Beine auch passiv bewegen? Die Ellbogen? Die Knie?

Rute

- Ist Ihr Hund an der Rute berührungsempfindlich?
- Ist die Rute steif oder beweglich?

Fell

- Liegt das Fell am ganzen Körper gleichmäßig an oder bildet es an einigen Stellen Wirbel?
- Fühlt sich das Fell an bestimmten Stellen struppiger und strohiger an?
- Fühlt sich das Fell klebrig an?
- Gibt es Stellen, wo die Haare stark geplättet auf der Haut liegen?

All das können Sie selbst ertasten, ohne dass Sie daraus irgendeinen Schluss ziehen müssen. Noahs Marsch dient nur der Bestandsaufnahme. Merken Sie sich, was Ihnen auffällt. Sie können damit Ihrem Tierphysiotherapeuten oder Tierarzt möglicherweise wertvolle Hinweise geben. Außerdem können Sie nach einigen TTouch®-Sitzungen oder auch nach physiotherapeutischen Behandlungen selbst prüfen, ob sich etwas verändert hat. Insge-

Auch ausgeprägte Muskelpakete profitieren von den sanften Berührungen für ein besseres Körperbewusstsein. (Foto: Katrien Lismont)

samt ist das eine spannende Erfahrung, bei der Sie den Körper Ihres Hundes besser kennenlernen werden.

Die dritte Gruppe wird von den hebenden TTouches® gebildet. Hierbei legen Sie die Hände sanft und leicht auf eine Körperstelle, heben die Haut etwas an, pausieren und begleiten die Haut dann wieder mit der Hand nach unten bis zu der Stelle, wo Sie begonnen haben. Sie können beispielsweise **Beinheber** durchführen, die gleichzeitig sehr wirksam die Durchblutung der Gliedmaßen und deren Entspannung fördern. Auch **Rückenheber** sind starke Helfer, wenn die Durchblutung des Rückens verbessert und die lange Rückenmuskulatur gelockert werden soll.

Schließlich gibt es noch die Gruppe der Körperteil-TTouches®. Sie heißen so, weil damit an bestimmten Körperteilen gearbeitet wird, etwa an den Ohren, den Beinen, dem Maul oder der Rute. In der Regel werden für diese Arbeit kreisende und streichende TTouches® verwendet.

Durch die Ohr-TTouches® können wir den ganzen Körper erreichen, da dieser in der Ohrmuschel widergespiegelt wird. Weiche, sanfte, langsame TTouches® beruhigen den Hund, schnellere und festere TTouches® wirken anregend. TTouches® an den Ohren können beispielsweise wunderbar bei einem gestörten Verdauungstrakt helfen, indem sie ihn beruhigen und entspannen.

Die **Maul-TTouches®** helfen dem Hund, emotional zur Ruhe zu kommen. Gleichzeitig wirken sie sich regulierend auf Stressreaktionen aus, die mit dem Maul ausgeführt werden, etwa Winseln, Bellen, Lecken oder Beißen.

Angespannte Ruten, die ständig hoch und steif getragen werden, spiegeln eine insgesamt angespannte Lebenshaltung des Hundes wider. **TTouches® an der Rute**, die die Verlängerung der Wirbelsäule bildet, können Entspannung bewirken.

Wie bereits erwähnt, sind das nur einige Beispiele für mögliche Berührungen. Ich möchte Sie ermutigen, sich näher mit der Methode zu befassen, das umfassende Repertoire an TTouches® kennenzulernen und Ihre Lieblings-TTouches® – und die Ihres Hundes – zu entdecken. Einen guten Einstieg bieten Seminare oder Einzeltrainings bei ausgebildeten Tellington-TTouch®-Practitionern.

Ein weiterer Bestandteil der Körperarbeit ist das **Körperband**. Es handelt sich dabei um eine elastische Bandage, die auf unterschiedliche

Weise um den Körper des Hundes gewickelt werden kann. Ein Körperband hat viele Funktionen und Vorteile. Für reaktive Hunde sind folgende Wirkungen von besonderer Bedeutung:

- Das Band verbessert die Körperwahrnehmung und dadurch die Körperbeherrschung und Selbstbeherrschung.
- Es wirkt beruhigend und lindert Verspannungen.
- Es verbessert das gesamte Körpergefühl, wodurch Hunde, deren Reaktivität aus Angst resultiert, mehr Sicherheit erlangen.

Es gibt verschiedene Möglichkeiten, ein Körperband anzulegen. Ich beschreibe hier die einfachste, aber sehr wirksame Wicklung, mit der Sie Ihrem Hund schnell und leicht helfen können. Sie benötigen eine elastische Bandage, die in gedehntem Zustand ungefähr 5 Meter lang ist. Halten Sie die Mitte der Bandage vor die Brust des Hundes (unter den Hals), legen Sie die Enden rechts und links nach oben über den Widerrist und kreuzen Sie sie dort. Nun führen Sie die Enden unter dem Bauch durch, kreuzen sie dort erneut und führen sie wieder nach oben, wo Sie die Enden über dem Lendenbereich verknüpfen. Achten Sie darauf, dass das Band nur locker anliegt und der Druck gleichmäßig verteilt wird. Ihr Hund kann dieses Band für einige Zeit tragen – zwischen 15 Minuten und einigen Stunden –, allerdings bitte immer unter Ihrer Aufsicht. Sie können es

Das Körperband liegt weich auf der Haut auf und rahmt den Körper des Hundes an allen Seiten ein. (Foto: Katrien Lismont)

in verschiedenen Alltagssituationen, also zu Hause, beim Gassigehen oder bei Gewitter, ebenso anlegen wie im Training oder in BAT-Sitzungen. Allerdings sollte Ihr Hund das Band nicht nur in schwierigen Situationen tragen, sonst besteht die Gefahr, dass er es negativ verknüpft. Soll das Band zur Beruhigung im Training dienen, ist es sinnvoll, wenn Sie es bereits einige Zeit vorher anlegen.

BODENARBEIT

Die Bodenarbeit nach Tellington ist ein unübertroffenes Instrument, um die Sicherheiten und Unsicherheiten des eigenen Hundes genauer kennenzulernen oder neu zu entdecken. Vom Hund werden dabei Anpassungsfähigkeit, Offenheit für Neues, Vertrauen, Körperbewusstsein, Gleichgewicht und Wissen um die eigenen Fähigkeiten und Grenzen gefordert. Wenn Sie genau beobachten, wie Ihr Hund bei einer oder mehreren der recht einfachen Figuren aus der Bodenarbeit reagiert, werden Sie mit Sicherheit mehrmals ins Staunen kommen. Durch die Langsamkeit, mit der alle Übungen ausgeführt werden, und dadurch, dass Ihr Hund nicht ausweichen kann oder soll, werden Sie feststellen, dass er weitaus mehr über seine Möglichkeiten nachdenken muss, als wenn er schnell durch etwas durchgelotst wird.

Das langsame Erkunden neuer Hindernisse bringt den Hund zum Nachdenken und fördert ruhige Mitarbeit. (Foto: Katrien Lismont)

Fallbeispiel Barnaby

Barnaby ist ein fünfjähriger schwarzer Labradorrüde, der mit seinem Frauchen an einem meiner Tellington-TTouch®-Wochenendseminare teilnahm. Barnaby hatte einige Schwierigkeiten: Er war im Haus fast zwanghaft rastlos, hatte insgesamt einen großen Bewegungsdrang und war dabei auch sehr unkontrolliert und unkoordiniert.
Er konnte schlecht allein bleiben, weil er einen starken Verwüstungsdrang hatte, und er reagierte auch heftig auf andere Hunde. Nach dem Seminar kamen einige Elemente aus der Tellington-TTouch®-Methode im Alltag zum Einsatz. Barnaby wurde täglich zehn Minuten lang am ganzen Körper mit TTouches® behandelt und trug im Anschluss ebenfalls 10 Minuten lang ein einfaches Körperband. Nach und nach konnte sein Frauchen Veränderungen feststellen.
Die Entwicklung war insgesamt so positiv, dass sie mir drei Monate nach dem Seminar Folgendes berichtete:
„Da mir aufgefallen war, wie gut das Körperband ihm schon geholfen hatte, habe ich irgendwann den Versuch gewagt, ihn frei in der Wohnung allein zu lassen. Zuerst nur eine halbe Stunde, dann immer länger.
Es ist einfach unglaublich.
Jedes Mal, wenn ich nach Hause kam, hat mich ein ruhiger, komplett unaufgeregter Barnaby begrüßt.
Seit drei Wochen kann er jetzt schon frei allein bleiben, ohne etwas anzustellen.
Ich bin wirklich glücklich."
Mit Sicherheit wurde durch diese Maßnahmen Barnabys Wohlfühlkonto aufgestockt, indem der Stress des Alleinbleibens reduziert wurde. Er nimmt übrigens auch an BAT-Sitzungen teil, wodurch sich seine Reaktivität anderen Hunden gegenüber drastisch reduziert hat. Anhand von diesem Beispiel können wir wieder mal feststellen, wie wichtig es ist, den gesamten Hund zu betrachten. Es gibt nicht nur eine Einzellösung, sondern es gibt viele mögliche Maßnahmen, die perfekt ineinandergreifen und dann auch recht kurzfristig zu einem deutlichen Erfolg führen können.

Regelmäßige TTouches® können bei verschiedensten Verhaltensproblemen unterstützend wirken.
(Foto: shutterstock.com/FCSCAFEINE)

Sehr aktive und impulsive Hunde, Hunde mit Problemen im Bewegungsapparat, unsichere Hunde oder Hunde mit Ängsten werden bei der Bodenarbeit zeigen, dass sie für manche Situationen einfach mehr Zeit und kleinere Schritte brauchen – und natürlich bedarf es ein wenig Übung.

Manch ein Hund, der sonst wie ein Wirbelwind endlos hinter einem Bällchen herlaufen und dieses auch aus der Luft fangen kann, stößt bei der Bodenarbeit plötzlich radikal an seine Grenzen. Ob eine Reihe gelbe Pylonen, weiße Pfosten, mehrere nebeneinanderliegende Bretter oder ein Stangenlabyrinth – es muss alles erkundet und in kleinen Schritten erarbeitet werden. Diese Arbeit offenbart, wie viel solche Hunde im Alltag immer wieder überwinden, auch wenn wir es nicht merken. Oft reagieren wir erst dann irritiert, wenn der Hund schon deutliches Übersprungsverhalten zeigt, das wir kaum mit ziemlich unscheinbaren Stressoren verknüpfen würden. Bei der Bodenarbeit kommt jedoch zutage, dass es durchaus Kleinigkeiten sind, die unserem Hund zu schaffen machen.

Das Gute ist: Ihr Hund kann lernen, mit all dem umzugehen. Wirklich mit allem. Es gibt keine Grenzen, wenn wir Menschen uns kreativ und geduldig mit den Anforderungen eines Parcours und der Kommunikation unseres Hundes auseinandersetzen. Bodenarbeit macht Hunde stark für den Alltag, zeigt ihnen, was ihr Körper alles leisten kann, und verschiebt von Mal zu Mal den Horizont der Selbsteinschätzung ein Stückchen weiter.

Obwohl der Parcours aus sehr einfach wirkenden Figuren zusammengestellt wird, macht der Hund jedes Mal neue Körpererfahrungen: In einem aus Stangen gelegten Labyrinth lernt er, sich in einem abgegrenzten Raum zu bewegen, dabei seinen Körper so zu biegen, dass er „um die Kurve kommt“, und dennoch neben seinem Menschen zu bleiben. Beim Übersteigen von Leitersprossen lernt er, rhythmisch die Beine so anzuheben, dass er keine davon berührt. Wenn wir den Hund über ein Brett führen, das wackelig auf zwei Reifen liegt, verbessert sich sein Gleichgewichtsgefühl. Ungewohnte knisternde, glatte und glänzende Oberflächen geben ihm einen taktilen Input. Bei diesen und noch vielen weiteren Übungen, bei denen man immer wieder das Muster und die Anordnung verändern kann, werden unsere Hunde ständig aufs Neue angeregt zu überlegen, wie sie die gestellte Aufgabe meistern. Dabei spielt Langsamkeit eine zentrale Rolle.

Führen Sie sich vor Augen, dass viele Hunde leinenreaktiv sind, weil sie Schmerzen oder Verspannungen haben, unsicher sind oder schlechte Erfahrungen gemacht haben. All dies können wir mit durchdachter Bodenarbeit und mit langsam wachsenden Anforderungen bearbeiten. Weiß der Hund mal, was er im Parcours zu tun hat und zu was sein Körper fähig ist, kann man auch im Parcours gezielt Begegnungssituationen mit anderen Hunden einbauen. Lassen Sie sich dabei unbedingt von einem Tellington-TTouch®-Lehrer unterstützen, um sicherzugehen, dass Individualdistanz und Körpersprache der beiden Hunde richtig eingeschätzt und berücksichtigt werden, damit es nicht zu reaktivem Verhalten kommt.

Ähnlich wie beim BAT-Training geben wir bei der Bodenarbeit recht wenige Signale oder verbalen Input. Auch locken wir den Hund nicht mit Leckerchen durch die Figuren. Nach einer gelungenen und besonders schweren Figur kann er natürlich ruhig eine Belohnung bekommen, aber die Absicht ist auch hier, keine reine Trainingssituation zu kreieren, in der der Hund tun soll, was der Mensch will. Vielmehr möchten wir, dass der Hund ganz bewusst und im eigenen Tempo die Figuren kennenlernen, einschätzen und bewältigen kann. Es ist diese selbstwirksame Bewältigung, die verstärkend wirkt und den Hund auch tatsächlich stärker macht. Hier werden neue Verknüpfungen im Gehirn gebaut, Flexibilität und Sicherheit werden gestärkt. Trittsicherheit, Koordination und Körperbewusstsein verbessern sich. Dies alles führt zu mehr Vertrauen und Selbstvertrauen sowie einer besseren Einschätzung des Umfeldes und der Umweltreize. Nicht selten führen eine oder einige Runden Bodenarbeit zu einer anderen Körperhaltung und neu sortierten, besser koordinierten Bewegungen.

Und nicht zuletzt hilft uns die Bodenarbeit sehr, einen etwas zu aktiven oder erregten Hund zu verlangsamen. Natürlich müssen auch hier die Figuren zunächst so einfach wie möglich gehalten werden. Die Langsamkeit ist in diesen Fällen von besonderer Bedeutung. Davon profitieren auch wir Menschen, denn wir können lernen, tatsächlich langsam und tief atmend durch den Parcours zu gehen und ein gemeinsames Tempo mit unserem Hund zu finden.

Zum Führen benutzen wir bei der Bodenarbeit am liebsten die bereits beschriebene Balanceleine. Durch die Drei-Punkt-Führung ist sie eine gute Hilfe, um die Figuren ruhig, langsam und in Harmonie zu durchlaufen. Sie hilft auch, Hunde, die durch Angst oder Stress nicht aufrecht gehen können, aufzurichten sowie bewusster und flotter weiterzubewegen, ohne dass sie sich in einer tiefen Zugposition befinden. Dabei wird das Prinzip „Haltung wird zu Verhalten“ deutlich. Wenn wir nicht auf das Angstverhalten des Hundes eingehen und stattdessen ruhig bleiben, ihm Halt bieten, ihm gut zusprechen und ihn in aufrechter Haltung vorwärtsbringen, verhindern wir Fluchtverhalten und können unserem Hund eine wertvolle Lernerfahrung bieten.

Das Gehen über verschiedene Untergründe verbessert das Körpergefühl. (Foto: Katrien Lismont)

(Foto: Archiv Lismont/Kathi Thiele)

SCHLUSSWORT

Sie sind bis zum Ende dabeigeblieben. Das freut mich sehr. Ich wünsche Ihnen, dass Sie beim Lesen dieses Buches mehr Verständnis für das belastende Verhalten Ihres Hundes gewonnen haben und nun in der Lage sind, Schritt für Schritt die Maßnahmen einzuleiten, die zu einer Veränderung führen können. Denn ohne Anpassungen, ohne Feedback und ohne neue Überlegungen und Vorgehensweisen lässt sich nun mal keine Situation gründlich analysieren und verbessern. Ein erster Schritt in diesem Prozess ist die Bereitschaft, Ihren Hund so anzunehmen, wie er zu Ihnen gekommen ist oder wie er sich entwickelt hat, und zu bedenken, dass er mit seinem Verhalten nie und nimmer vorhatte, Sie zu ärgern oder Ihnen eins auszuwischen.

Dieses Buch zeigt, dass es auch für das Zusammenleben mit „komplizierten" Hunden eine gewaltfreie, sanfte, einfühlsame Lösung gibt. Und es zeigt auch, dass das Erarbeiten dieser Lösung Spaß machen kann. Viele der beschriebenen Übungen sorgen bei den Spaziergängen mit meinen eigenen Hunden nahezu täglich für Abwechslung und haben nebenbei noch einen positiven Effekt auf das Verhalten.

Bei allem Fleiß im Training sollten die harmonischen und stillen Momente mit Ihrem Hund nicht zu kurz kommen. Wenn Sie sich nur auf das Verhaltenstraining fokussieren, wird Ihr Zusammensein mit Ihrem Hund gänzlich von der Problematik bestimmt. Das geht auf Kosten der Qualitätszeit und der unbeschwerten Momente, die es ihm erlauben, sich so, wie er ist zu entspannen und bei Ihnen zu sein. Ihr Hund braucht diese Phasen, in denen für ihn alles stimmt. Zaubern Sie ein Lächeln in Ihr Gesicht und in das Ihres Hundes. Er ist es wert!

Mit einem Zitat von Dr. Susan Friedman möchte ich dieses Buch abschließen:

„Wenn Tiere Kontrolle haben über das Ergebnis ihres Verhaltens, dann ist das ein primärer Verstärker." *(Übersetzung der Autorin)*

Geben Sie Ihrem Hund die Zeit, den Raum und die Möglichkeiten das zu tun, was er braucht. Geben Sie ihm „Kontrolle", er wird Ihnen eine Menge Geschenke zurückgeben.

In diesem Sinne wünsche ich Ihnen und Ihrem Hund eine schöne und vor allem lange gemeinsame Zeit!

(Foto: Archiv Lismont/Kathi Thiele)

(Foto: Katrien Lismont)

ANHANG

Danksagung

Dass es zu diesem Buch gekommen ist, verdanke ich Ilios, unserem beeindruckenden Boxerrüden. Unsere Anfangszeit war recht turbulent und aufwühlend und hat mich bei manch einer Gassirunde zum Verzweifeln gebracht. Er hat uns nun im Alter von knapp 11,5 Jahren verlassen, als sich dieses Buchprojekt in den letzten Zügen befand. Ich möchte keinen Lebenstag mit ihm missen und würde mir wünschen, wir könnten unsere gemeinsame Zeit noch mal von vorn beginnen, diesmal mit mehr Wissen. Aber nicht nur er, sondern alle meine Hunde haben einen festen Platz in meiner „Hundeentwicklung" – danke Uzzi, Xanthos, Daisy, Dakota, Wenonah und Hutch.

Meine Tellington-TTouch®-Ausbildung, das CumCane®-Markertraining von Dr. Ute Blaschke-Berthold, die Fortbildungen bei Grisha Stewart, Dr. Susan Friedman und Chirag Patel, Ken Ramirez und Kathy Sdao sind wichtige Meilensteine in meinem Werdegang. Ich danke dafür allen, die daran beteiligt waren. Bedanken möchte ich mich auch bei meinen Kolleginnen und Kollegen für den bereichernden Austausch und für die Einladungen, bei ihnen Seminare zu halten.

Mein Dank gilt außerdem den Teilnehmerinnen und Teilnehmern an meinen Seminaren und meinen Intensivwochen, sie sind genauso wertvolle Lehrer, da ich bei jedem Team neue Erkenntnisse sammeln darf.

Danke an Birgit Summerer für die Idee zum Leitfaden für BAT-Setups, an Cathy Chapados für das Erstellen der Grafiken sowie an Kathrin Thiele, Daphne Mpaltsidis und Anna Hebestreit für die Bilder.

Meinen Stammkunden zu Hause, ganz besonders meinem „harten Kern", möchte ich ebenfalls meinen aufrichtigen Dank aussprechen: für ihre Geduld, für ihr Vertrauen, für ihr Verständnis und für ihre nie nachlassende Begeisterung und Liebe zu ihren Hunden. Ihr habt euren Anteil an diesem Buch, nicht nur durch die Bilder. Danke Claudia, Bärbel, Petra, Irene, Karin, Franziska und Marco. Ihr und eure Hunde seid unglaublich!

Dem Cadmos Verlag danke ich für die Chance, meine Erfahrungen und Gedanken veröffentlichen zu können, und Maren Müller für das hervorragende und konstruktive Lektorat.

Und nicht zuletzt: Ohne meinen Mann Paul Heldens, meinen Fels, immer bereit, meinen Wahnsinn zu unterstützen, wäre ich nicht da, wo ich jetzt bin. Danke für deine Geduld, deine Hilfe, deine Freundschaft, deine Liebe.

Katrien Lismont mit Wenonah.
(Foto: Archiv Lismont)

Über die Autorin

KATRIEN LISMONT

Katrien Lismont ist gebürtige Belgierin und wohnt seit 1989 in Deutschland. Seit 2000 lebt sie mit ihrem Mann und ihren Hunden in Bretzfeld bei Heilbronn. Nach einer erfolgreichen Laufbahn in der Textilindustrie etablierte sie sich ab 2004 mit ihrer Hundeschule DOGood. Zunächst bot sie – nach einer abgeschlossenen Ausbildung zum Tellington TTouch® Practitioner-Training nach der Tellington-Methode und Bach-Blüten®-Beratung für Mensch und Tier an. Die emotionale Seite des Umgangs mit Hunden war ihr schon immer sehr wichtig. Nachdem sie die IDTS-Ausbildung zur Hundetrainerin bei Sheila Harper absolviert hatte, lernte sie 2009 die Leichtigkeit und Effizienz des Clickertrainings kennen. Zusätzlich absolvierte Katrien Lismont die CumCane®-Ausbildung. Sie lernte und lernt bis heute von den besten: Dr. Ute Blaschke-Berthold, Chirag Patel, Emily Larlham, Ken Ramirez, Kathy Sdao, Jane Killion, um nur einige zu nennen. 2011 stieß sie auf Grisha Stewart und ihre BAT-Methode. Seither ließ ihr diese Trainingsform keine Ruhe mehr und sie setzte sowohl die ursprüngliche als auch die darauffolgende Version 2.0 im Verhaltenstraining um. 2014 kam die Ausbildung in der Verhaltensanalyse bei Susan Friedman hinzu, die Katrien Lismont 2016 noch vertiefen konnte. 2015 wurde sie von Grisha Stewart als BAT-Instruktorin zertifiziert (cBATi). Als Hundetrainer lernt man nie aus, doch wichtiger als alle Theorie ist ihr immer die Umsetzung in der Praxis gewesen, mit dem Ziel, Hunden selbstwirksames Verhalten zu ermöglichen.

Anlass dafür, sich intensiv mit reaktivem Verhalten von Hunden an der Leine zu beschäftigen, war Katrien Lismonts eigener Boxerrüde Ilios, der leider im Lauf der Fertigstellung dieses Buches über den Regenbogen ging. Mittlerweile sind ihre Seminare zu diesem Thema in Deutschland, Luxemburg und der Schweiz gut gebucht. Auch ihre besondere Formel des Intensivtrainings, eine Kombination von Training und Urlaub findet großen Anklang. Für Katrien Lismont ist auffälliges Verhalten eine Herausforderung, der sie sich gern stellt. Ihr ganzheitlicher und analytischer Ansatz führt zu einer neuen Wahrnehmung der Hunde durch ihre Halter … weil Hunde immer recht haben.

Literatur

Blaschke-Berthold, Ute: *Das Kleingedruckte in der Körpersprache des Hundes.* 2 DVDs.
Drehpunkt Verlag, Hausen 2013.

Freiling, Karin Petra: *Entspannungstraining für Hunde: Stress, Ängste und Verhaltensprobleme reduzieren.*
Buch und DVD. Cadmos Verlag, Schwarzenbek 2015.

Hense, Maria: *Der hyperaktive Hund.*
Animal Learn Verlag, Bernau 2010.

Kara, Stefanie: *Oxytocin – Unsere Wunderdroge.*
http://www.zeit.de/2016/15/oxytocin-hormon-gehirn-forschung/komplettansicht, zuletzt aufgerufen am 31.10.2016

Killion, Jane: *When Pigs Fly! Training Success with Impossible Dogs.*
Dogwise Publishing, Washington 2007.

McConnell, Patricia und Karen B. London:
Alter Angeber! Leinenaggressionen bei Hunden verstehen und beheben.
Kynos Verlag, Nerdlen 2009.

McDevitt, Leslie: *Stressfrei über alle Hürden. Leistungsbereite Hunde durch Aufmerksamkeitstraining.*
Kynos Verlag, Nerdlen 2012.

Stewart, Grisha: *Behavior Adjustment Training 2.0.* Dogwise Publishing, Washington 2016.

Stewart, Grisha: *The Official Ahimsa Dog Training Manual.*
A Practical, Force-Free Guide to Problem Solving and Manners.
Ahimsa Publishing, Seattle 2012.

Stewart, Grisha: *B.A.T. DVD-Serie.* Tawzerdog, Eagle ID 2014.

Tellington-Jones, Linda: *Tellington-Training für Hunde.* Buch und DVD.
Kosmos Verlag, Stuttgart 2010.

Theby, Viviane: *Verstärker verstehen. Über den Einsatz von Belohnung im Hundetraining.*
Kynos Verlag, Nerdlen 2012.

Hier finden Sie weitere Infos zum BAT-Training sowie eine Liste mit Trainern, die Sie unterstützen können:
https://dogood.de/b-a-t

STICHWORTREGISTER